21 世纪普通高等教育基础课系列教材

大学物理实验教程
——设计创新实验

主　编　黄耀清　王凤超　郝成红

副主编　张　欣　李　琳　王向欣　苏维波

参　编　王　竑　李月锋　张灿云　赵宏伟

　　　　吴文娟　葛坚坚　施宇轩　包文轩　王丽亚

机械工业出版社

本书是在 2017 年出版的《大学物理实验Ⅰ》（第 3 版）和《大学物理实验Ⅱ》（第 3 版）的基础上，为了更好地适应我校人才培养的目标和定位，适应教学需要和课程体系的变化，将近几年来的新编实验项目纳入其中，并根据教育部高等学校物理学与天文学教学指导委员会物理基础课程教学指导分委会 2010 年制定的《理工科类大学物理实验课程教学基本要求》，结合编者多年从事大学物理实验教学的实践经验新编而成的。全书共有 36 个实验，以近代物理实验、设计性实验、研究性实验及应用性实验为主，是为学有余力、水平较高的学生开设的开放性实验。部分实验或采用新的测量方法或使用更为先进精确的测量仪器，在一定程度上反映出近年来大学物理实验课程教学改革和发展的趋势。

本书可作为高等工科院校各相关专业大学物理实验课程的教材或参考书，也可供相关专业广大科技工作者和工程技术人员参考。

图书在版编目（CIP）数据

大学物理实验教程．设计创新实验/黄耀清，王凤超，郝成红主编．—北京：机械工业出版社，2020.1（2022.1 重印）

21 世纪普通高等教育基础课系列教材

ISBN 978-7-111-64591-7

Ⅰ.①大⋯　Ⅱ.①黄⋯②王⋯③郝⋯　Ⅲ.①物理学 – 实验 – 高等学校 – 教材　Ⅳ.①O4 – 33

中国版本图书馆 CIP 数据核字（2020）第 013412 号

机械工业出版社（北京市百万庄大街 22 号　邮政编码 100037）

策划编辑：张金奎　　　　　　责任编辑：张金奎　汤　嘉
责任校对：张晓蓉　肖　琳　　封面设计：张　静
责任印制：郜　敏

北京中科印刷有限公司印刷

2022 年 1 月第 1 版第 3 次印刷

184mm × 260mm · 8.75 印张 · 209 千字

标准书号：ISBN 978-7-111-64591-7

定价：23.00 元

电话服务　　　　　　　　　　网络服务

客服电话：010 – 88361066　　机　工　官　网：www.cmpbook.com

　　　　　010 – 88379833　　机　工　官　博：weibo.com/cmp1952

　　　　　010 – 68326294　　金　书　网：www.golden – book.com

封底无防伪标均为盗版　　机工教育服务网：www.cmpedu.com

前　言

2010 年，教育部高等学校物理学与天文学教学指导委员会物理基础课程教学指导分委会制定了《理工科类大学物理实验课程教学基本要求》。按照这份文件的要求，2017 年 1 月我们编写出版了《大学物理实验Ⅰ》（第 3 版）和《大学物理实验Ⅱ》（第 3 版）。本书则是为了更好地适应我校人才培养的目标和定位，加强学生的创新能力培养，适应课程体系的变化，适应立德树人的高等教育目标，将近几年来的新实验项目和励志教育内容纳入其中，并结合编者多年从事大学物理实验教学的实践经验新编而成。

本书共编入 36 个实验项目，以研究性实验、设计性实验、近代物理实验及应用性实验为主，是为学有余力、水平较高的学生开设的开放性实验。部分实验或采用新的测量方法或使用更为先进精确的测量仪器，在一定程度上反映出近年来大学物理实验课程教学改革和发展的趋势。部分实验是近年来在我校物理实验中心建设过程中新建的实验项目和自行开发的实验项目，这些实验项目融合了科研领域中的新成果和现代应用技术，使本书的内容在兼顾基础性的同时又具有时代性和先进性。根据我们的教学改革思路和我校现行的物理实验课程体系，意在通过开放的创新能力培养，使学生的科学实验能力和创新能力能够循序渐进地得到提高。

本书的编写与我校物理实验中心的建设与发展紧密相连，是全体实验教师和实验技术人员长期以来辛勤耕耘、努力工作、不断改革创新的结果，是集体智慧的结晶。在编写过程中得到了校内外许多同仁的关心和帮助，特别是得到了嘉兴润弘科技有限公司苏维波经理的大力支持，并借鉴了兄弟院校教学改革的经验，参阅了有关的优秀教材，在此一并致以衷心的感谢。

物理实验教学改革是一项长期的任务，随着教学改革的不断深入，一定会有新的实验内容和新的实验技术手段的不断出现，加之编者水平有限，书中难免会有不完善和不妥当之处，恳请广大读者提出宝贵意见。

编者于上海应用技术大学
2019 年 10 月

目　　录

第一章　物理实验在工程技术方面的应用

实验一　迈克尔逊干涉仪应用研究

白光是一种波长为 380~760nm 的混合光，其光谱为连续光谱，它的相干长度约为波长数量级。如果用白光作为光源，不同波长的光所产生的干涉条纹明暗相互重叠，一般看不到干涉条纹。迈克尔逊干涉仪是根据光的干涉原理制成的一种精密仪器，它在近代物理学的发展和近代计量技术中起到过重要作用。目前，迈克尔逊干涉仪用途更加广泛，可测定光谱结构、薄膜厚度、介质的折射率，还可以用光波长作为度量标准等。本实验利用迈克尔逊干涉仪来测定白光的相干长度及薄透明体的厚度。

【实验目的】

1. 熟悉光的干涉原理。
2. 测定白光相干长度。
3. 测定薄透明体的厚度。

【实验原理】

1. 光源的时间相干性

光源发出的光波不是无限长的正弦波，而是一段一段有限长的振幅不变或缓变的正弦波，将其称为波列。由于各波列之间无固定的相位关系，所以各波列之间不会发生稳定的干涉。因此用分振幅法（如用分束镜将一束光分成两束）所形成的两束光只能在波列持续时间 Δt 内发生稳定干涉。把波列持续时间 Δt 称为光源的相干时间，把波列的长度 $L_m = c\Delta t$ 称为相干长度（c 为光速）。

实际的光源发出的单色光并不是绝对单色的，假定光源的波长处在 $\lambda_0 - \dfrac{\Delta\lambda}{2}$ 到 $\lambda_0 + \dfrac{\Delta\lambda}{2}$ 之间，干涉时每个波长都对应一套干涉花纹，随着 d 的增加，$\lambda_0 - \dfrac{\Delta\lambda}{2}$ 和 $\lambda_0 + \dfrac{\Delta\lambda}{2}$ 两套干涉条纹彼此错开，直到它们相差一级条纹，干涉条纹经历一个清晰-模糊-清晰或者模糊-清晰-模糊周期。即

$$L_m = k\left(\lambda_0 + \frac{\Delta\lambda}{2}\right) = (k+1)\left(\lambda_0 - \frac{\Delta\lambda}{2}\right) \tag{1-1}$$

式中，k 是干涉级次。通常情况下，$\lambda_0 \gg \Delta\lambda$，故可得到 $k = \dfrac{\lambda_0}{\Delta\lambda}$，即相干长度

$$L_m = \frac{\lambda_0^2}{\Delta\lambda} \tag{1-2}$$

相干时间

$$t_m = \frac{\lambda_0^2}{c\Delta\lambda} \tag{1-3}$$

由此可见，光源的单色性好坏，就看 $\Delta\lambda$ 是否足够小，$\Delta\lambda$ 越小，相干长度越长，相干时间越长，单色性越好。白光是一种混合光，它的相干长度约为波长数量级。

记录各次迈克尔逊干涉仪形成的白光干涉条纹由模糊到清晰再到模糊的位置，即可计算出白光的相干长度 $L_m = 2d = 2(d_2 - d_1)$。在测量白光相干长度的过程中，只能使用微调鼓轮。

2. 白光干涉

首先了解迈克尔逊干涉仪产生等倾干涉和等厚干涉的原理（见迈克尔逊干涉仪其他实验内容）。

迈克尔逊干涉仪作为测量波长的最常用实验仪器，使用 He-Ne 激光源观测非定域干涉条纹或使用钠光源观测定域干涉条纹。通常情况下，我们看到的是等倾干涉，由于光程差与波长的关系，此时用白光作光源，由于各种波长的光所产生的干涉条纹明暗交错重叠，无法观测到可见的条纹。结合干涉仪的使用说明书可以发现，移动 M_2 使其大致与 M_1' 重合时，视场中会出现直线干涉条纹，我们称之为等厚干涉条纹。此时换上白光光源，即可见到彩色直条纹，其中央为一黑（暗）条纹，两旁为对称分布的彩色条纹，稍远处即看不到任何条纹。所以找到等光程位置，是观测到白光干涉条纹的必要条件。

由式

$$\Delta = 2d\cos\delta = 2d\left(1 - 2\sin^2\frac{\delta}{2}\right) \approx 2d\left(1 - \frac{\delta^2}{2}\right) = 2d - d\delta^2 \tag{1-4}$$

可知：在中央条纹位置，$d\delta^2$ 可忽略，则 $\Delta = 2d$，中央为直条纹。

3. 透明薄片厚度的测量

白光干涉的主要应用即是对一透明薄片的测量，当正常跳出彩色条纹时，在光路中放置一折射率为 n、厚度为 l 的均匀透明薄片，由于光程发生的改变：$\Delta' = 2l(n-1)$，原所见的条纹移出视场，将 M_2 向 G_1 方向前移 $\Delta d = \Delta'/2$，使彩色条纹重现，由式

$$\Delta d = \frac{\Delta'}{2} = l(n-1) \tag{1-5}$$

读出 Δd，可计算出透明薄片的厚度 l，其中 $n = 1.4586$。

【实验仪器】

迈克尔逊干涉仪、He-Ne 多束光纤激光源、平行光源及底座、调光变压器、薄片。

【实验内容】

1. 调节迈克尔逊干涉仪，以 He-Ne 激光源作为光源，用投影屏观察，先调出等倾圆条纹，并使条纹基本居中。

2. 转动粗调手轮，使条纹逐渐变粗，当圆条纹变成直条纹时（从一个弯曲方向向另一个弯曲方向改变时），调节固定镜的两个微调螺钉，使直条纹变成沿铅垂方向。

3. 移动激光，换用白光光源；移去投影屏，略微转动微调鼓轮（不能超过一圈，否则说明第 2 步未调好），转动方向为向观察者方向转（即逆时针方向），直接用眼观察，在视场中可见彩色直条纹。

4. 调节白光光源的调节钮，使看到的彩色条纹具有较好的对比度和适当的亮度。

5. 适当调节微调鼓轮，使条纹刚模糊出现时记录 d_{i1}；按原来方向转动，直到条纹又变模糊消失时记录 d_{i2}（表1-1）。

表1-1　白光相干长度测量

次数 i	d_{i1}/mm	d_{i2}/mm	$\Delta d_i/\text{mm}$
1			
2			
3			
4			
5			
6			

注：表中 d_{i1} 为模糊位置，d_{i2} 为由模糊变清晰再变模糊的位置。

6. 仍调节固定镜的两个微调螺钉，使直条纹成沿铅垂方向（便于确定位置），读出此时位置 d_{i3}（表1-2），以中央黑色纹为准。

7. 在移动镜前放置薄片，注意使之尽量与光路垂直，即与移动镜平行，此时彩色条纹消失。

8. 继续逆时针转动微调鼓轮，直至彩色条纹再次出现，仍以中央黑色纹为准，读出此时的位置值 d_{i4}（表1-2）。

表1-2　薄片厚度测量结果

次数 i	d_{i3}/mm	d_{i4}/mm	$\Delta d_i'/\text{mm}$
1			
2			
3			
4			
5			
6			

【数据处理】

1. $\Delta d' = d_3 - d_4$，由式（1-5）计算出薄片厚度 l。

2. 分别计算相干长度和薄片厚度的平均值，计算测量结果的不确定度并写出结果表示式。

【注意事项】

1. 薄片是石英材料，既薄又脆，实验过程中必须轻拿轻放。

2. 因薄片的两面平行度不是很高，所以加入薄片后观察的彩色条纹会有弯曲现象。

3. 在整个测量过程中，微调鼓轮必须沿同一方向转动。

4. 微调鼓轮每转动一圈为 0.01mm，当薄片厚度为 0.3mm 时，即微调鼓轮需转过 30 圈，而彩色条纹的位置点很精确，所以在靠近这个位置时，鼓轮要缓慢转动，否则彩色条纹会一晃而过，不易找到。

实验二　动态悬挂法测定工程材料的弹性模量的研究

弹性模量是工程材料的一个重要物理参数，它标志着材料抵抗弹性形变的能力。"动态悬挂法"测量弹性模量的基本方法是：将一根截面均匀的试样（棒）用两根细丝悬挂在两只传感器（一只激振，一只拾振）下面，在试样两端自由的条件下，由激振信号通过激振传感器使试样做横向弯曲振动，并由拾振传感器检测出试样共振时的共振基频，并根据试样的几何尺寸、质量等参数测得材料的弹性模量。

【实验目的】

1. 学习用动态悬挂法测定金属材料的弹性模量。

2. 培养学生综合应用物理实验仪器的能力。

【实验原理】

如图 2-1 所示，一细长棒（长度比横向尺寸大很多）的横振动（又称弯曲振动）满足动力学方程

$$\frac{\partial^4 y}{\partial x^4} + \frac{\rho S}{EJ}\frac{\partial^2 y}{\partial t^2} = 0 \qquad (2\text{-}1)$$

棒的轴线沿 x 方向。式（2-1）中，y 为棒上距左端 x 处截面的横向位移；E 为该棒的弹性模量；ρ 为材料密度；S 为棒的横截面积；J 为某一截面的惯性矩 $\left(J = \iint\limits_{S} y^2 \mathrm{d}S\right)$。

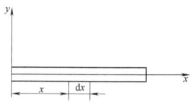

图 2-1　细长棒的弯曲振动

用分离变量法求解该方程。令 $y(x,t) = X(x)T(t)$，代入方程（2-1）得

$$\frac{1}{X}\frac{\mathrm{d}^4 X}{\mathrm{d}x^4} = -\frac{\rho S}{EJ}\frac{1}{T}\frac{\mathrm{d}^2 T}{\mathrm{d}t^2}$$

等式两边分别是两个独立变量 x 和 t 的函数，只有在两端都等于同一个任意常数时才有可能成立。设该常数为 K^4，于是得

$$\frac{\mathrm{d}^4 X}{\mathrm{d}x^4} - K^4 X = 0$$

$$\frac{\mathrm{d}^2 T}{\mathrm{d}t^2} + \frac{K^4 EJ}{\rho S}T = 0$$

设棒中每点都做简谐振动，则此两方程的通解为

$$X(x) = B_1 \mathrm{ch}Kx + B_2 \mathrm{sh}Kx + B_3 \cos Kx + B_4 \sin Kx$$

$$T(t) = A\cos(\omega t + \varphi)$$

于是横振动方程（2-1）的通解为

$$y(x,t) = (B_1 \mathrm{ch}Kx + B_2 \mathrm{sh}Kx + B_3 \cos Kx + B_4 \sin Kx)A\cos(\omega t + \varphi) \qquad (2\text{-}2)$$

式中，

$$\omega = \left(\frac{K^4 EJ}{\rho S}\right)^{\frac{1}{2}} \qquad (2\text{-}3)$$

式 (2-3) 称为频率公式，它对任意形状截面的试样，以及在不同的边界条件下都是成立的。我们只要根据特定的边界条件定出常数 K，代入特定截面的惯量矩 J，就可以得到具体条件下的关系式。

对于用细线悬挂起来的棒（设棒长为 l），若悬线位于棒做横振动的节点附近，并且棒的两端均处于自由状态，那么在两端面上，横向作用力 F 与弯矩 M 均为零。横向作用力 $F = \dfrac{\partial M}{\partial x} = -EJ \dfrac{\partial^3 y}{\partial x^3}$，弯矩 $M = EJ \dfrac{\partial^2 y}{\partial x^2}$，则边界条件有 4 个，即

$$\frac{\mathrm{d}^3 X}{\mathrm{d} x^3} = 0 \, (x = 0) \qquad \frac{\mathrm{d}^3 X}{\mathrm{d} x^3} = 0 \, (x = l)$$

$$\frac{\mathrm{d}^2 X}{\mathrm{d} x^2} = 0 \, (x = 0) \qquad \frac{\mathrm{d}^2 X}{\mathrm{d} x^2} = 0 \, (x = l)$$

将通解代入边界条件得

$$\cos Kl \cdot \mathrm{ch} Kl = 1 \tag{2-4}$$

用数值解法可求得满足式（2-4）的一系列根 $K_n l = 0$，4.730，7.853，10.966，14.137，

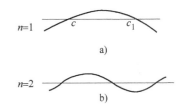

图 2-2　两端自由的棒弯曲振动前两阶振幅分布

…。其中 $K_0 l = 0$ 的根对应于静止状态。因此将 $K_1 l = 4.730$ 记作为第一个根，对应的振动频率称为基振频率，此时棒的振幅分布如图2-2a所示；$K_2 l$ 对应的振形如图2-2b所示。从图2-2a 可以看出，试样在做基频振动时存在两个节点，根据计算可知，它们的位置分别在距端面 $0.224l$ 和 $0.776l$ 处。

将 $K_1 = \dfrac{4.730}{l}$ 代入式（2-3），得到棒做基频振动的固有频率

$$\omega = \left(\frac{4.730^4 EJ}{\rho l^4 S} \right)^{\frac{1}{2}}$$

由上式可解出弹性模量

$$E = 1.9978 \times 10^{-3} \frac{\rho l^4 S}{J} \omega^2 = 7.8870 \times 10^{-2} \frac{l^3 m}{J} f^2$$

式中，$m = \rho l S$，为棒的质量；f 为棒的基振频率。对于直径为 d 的圆棒，惯量矩 $J = \displaystyle\iint\limits_{S} y^2 \mathrm{d} S = \dfrac{\pi d^4}{64}$，代入上式得

$$E = 1.6067 \frac{l^3 m}{d^4} f^2 \qquad （圆形棒） \tag{2-5}$$

式（2-5）即为本实验所用计算弹性模量的公式。

图 2-3 为本实验所用的实验装置示意图。被测试样用两根细线悬挂在换能器 1、2 下面。换能器 1 是发射换能器，也称为激振器，信号发生器输出的电信号加在激振器上，使激振器中的膜片振动，悬线 3 固定在此膜片中心，膜片的振动引起悬线跟着上下振动，激发试样发生振动。试样的振动通过悬线 4 传给换能器 2，换能器 2 为接收换能器，又称拾振器，它将

试样的振动变为电信号，加到示波器上。改变信号发生器输出信号的频率，当其数值与试样棒的某一振动模式的频率一致时发生共振，这时试样振动振幅最大，拾振器输出电信号也达到最大。测出此时的信号频率，若判断它为此试样的基频频率，则代入式（2-5）即可求得弹性模量。

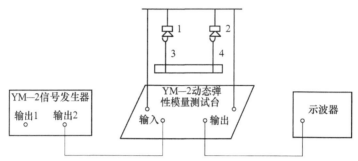

图2-3 动态悬挂法实验装置图

理论上，试样做基频共振时，悬点应置于节点处，即悬点应置于距棒的两端面分别为 $0.224l$ 和 $0.776l$ 处。但是，在这种情况下，棒的振动无法被激发。欲激发棒的振动，悬点必须离开节点位置。这样，由于与理论条件不一致，势必会产生系统误差。为消除该误差，可采用内插测量法测出悬点在节点处试样的基频共振频率。其具体的测量方法是在基频节点处 ±30mm 范围内同时改变两悬线位置，测出共振频率与悬线位置的关系曲线，如图2-4所示，从而拟合出悬丝在节点位置的基频共振频率值。

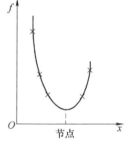

图2-4 f-x 关系

【实验仪器】

YM－2动态弹性模量测试台、YM－2信号发生器、铜棒、示波器、游标卡尺、螺旋测微器、电子天平。

YM－2信号发生器前面板示意图如图2-5所示。

电压表：指示输出电压幅值，其值由"电压调节"钮调节。

输出1、输出2：两路并联输出，可与传感器、示波器等连接。

频率选择：分三档，500Hz ~ 1kHz，1 ~ 1.5kHz，1.5 ~ 2kHz。

频率调节和频率微调："频率调节"为频率粗调，"频率微调"为频率细调，实验时两者必须配合使用。

【实验内容】

本实验采用的试样为黄铜棒和不锈钢棒，分别测量其弹性模量。

1. 测定试样的长度 l、直径 d（分别在不同位置测6次取平均值）和质量 m（单次测量）。

2. 按图2-3所示接线，并进行测量前的仪器调节。

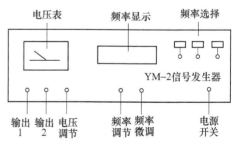

图2-5 YM－2信号发生器前面板示意图

3. 调节悬丝位置，使其距端面的距离 x 分别为 1.50cm、2.00cm、2.50cm、3.00cm、3.50cm、4.00cm、4.50cm、5.00cm，调节信号发生器的频率，寻找对应的共振点，记下共振频率 f_1，f_2，f_3，f_4，f_5，f_6，f_7，f_8。

4. 作 f-x 图线，由图求出悬线在节点处的基频共振频率。

5. 利用式（2-5）计算弹性模量 E。

【注意事项】

1. 对悬线不要用力拉，否则将会损坏膜片或换能器。悬挂样品，移动悬线位置时，对悬线都要轻放轻动。

2. 在共振点附近，调节"频率微调"必须十分缓慢，否则容易滑过而找不到共振峰。调节时还要注意判断假共振信号。

3. 在传感器调整好的情况下，实验时输入激振传感器的信号不能过大。

【思考题】

1. 如何测定节点处的基频共振频率？

2. 怎样判断示波器上的共振信号？

实验三　电子束的电偏转和磁偏转研究

示波器中用来显示电信号波形的示波管，以及电视机、摄像机里显示图像的显像管、摄像管都属于电子束线管，虽然它们的型号和结构不完全相同，但都有产生电子束的系统和电子加速系统，为了使电子束在荧光屏上清晰地成像，还要设置聚焦、偏转和强度控制系统。对电子束的聚焦和偏转，可以通过电极形成的静电场实现，也可以通过电流形成的恒磁场实现。前者称为电聚焦或电偏转。随着科技的发展，利用静电场或恒磁场使电子束偏转、聚焦的原理和方法还被广泛地用于扫描电子显微镜、回旋加速器、质谱仪等仪器设备的研制之中。本实验在了解电子束线管的结构基础上，讨论电子束的偏转特性及其测量方法。

【实验目的】

1. 了解示波管的构造和工作原理，研究静电场对电子的加速作用。

2. 定量分析电子束在纵横向匀强电场作用下的偏转情况，测量其灵敏度。

3. 研究电子束在横向磁场作用下的运动和偏转情况，测量其灵敏度。

【实验原理】

1. 小型电子示波管的构造

电子示波管的构造如图 3-1 所示，包括下面几个部分。

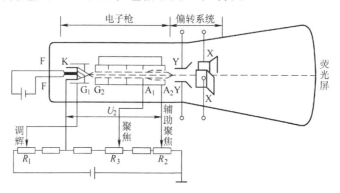

图 3-1　示波管结构图

F—灯丝　K—阴极　G_1、G_2—控制栅极　A_1—第一阳极

A_2—第二阳极　Y—垂直偏转板　X—水平偏转板

（1）电子枪：它的作用是发射电子，电子被加速到一定速度并聚成一细束。

（2）偏转系统：由两对平板电极构成，一对上下放置的 Y 轴偏转板（或称垂直偏转板），一对左右放置的 X 轴偏转板（或称水平偏转板），电子束随偏转板上的电压而发生偏转。

（3）荧光屏：用以显示电子束打在示波管端面的位置。

以上这几部分都密封在一只玻璃壳之中。玻璃壳内被抽成高真空，以免电子穿越整个管长时与气体分子发生碰撞，故管内的残余气压不超过 10^{-6} 大气压。

电子枪的内部构造如图 3-2 所示。电子源是阴极，图中用字母 K 表示，它是一个表面涂有氧化物的金属圆筒，里面装有加热用的灯丝，两者之间用陶瓷套管绝缘。当灯丝通电时可把阴极加热到很高温度。在圆柱筒端部涂有钡和锶的氧化物，此材料中的电子在加热时较容易逸出表面，并能在阴极周围空间自由运动，这种过程叫作热电子发射。与阴极共轴布置着的还有四个圆筒状电极，电极 G_1 离阴极最近，称为控制栅极，正常工作时加有相对于阴极 K 为 $-20 \sim -5V$ 的负电压，它产生的电场是要把由阴极发射出来的电子推回到阴极去。改变控制栅极的电势可以改变穿过其上小孔出去的电子数目，从而可以控制电子束的强度。电极 G_2 与 A_2 连在一起，两者相对于 K

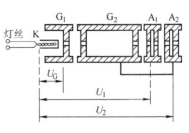

图 3-2　电子枪内部构造

有约几百伏到几千伏的正电压。它产生了一个很强的电场使电子沿电子枪轴线方向加速。因此电极 A_2 对 K 的电压又称加速电压，用 U_2 表示。而电极 A_1 对 K 的电压 U_1 则与 U_2 不同。由于 K 与 A_1、A_1 与 A_2 之间电势不相等，因此使电子束在电极筒内的纵向速度和横向速度会发生改变，适当地调整 U_1 和 U_2 的电压比例，可使电子束聚焦成很细的一束电子流，使打在荧光屏上形成很小的一个光斑。聚焦程度的好坏主要取决于 U_1 和 U_2 的大小与比例。

电子束从图 3-1 中两对偏转电极间穿过。每一对电极加上的电压产生的横向电场分别可使电子束在 X 方向或 Y 方向发生偏转。

2. 电子束的加速和电偏转原理

在示波管中，电子从被加热的阴极逸出后，由于受到阳极电场的加速作用，使电子获得沿示波管轴向运动的动能。为研究问题方便起见，先引入一个直角坐标，令 Z 轴沿示波管的管轴方向从灯丝位置指向荧光屏，从荧光屏看，X 轴为水平方向向右，Y 轴为垂直方向向上。假定电子从阴极逸出时初速度忽略不计，则由功能原理可知，电子经过电势差为 U 的空间，电场力做的功 eU 应等于电子获得的动能，即

$$eU = \frac{1}{2}mv_Z^2 \tag{3-1}$$

显然，电子轴向速度 v_Z 与阳极加速电压 U 的平方根成正比。由于示波管有两个阳极 A_1 和 A_2，所以实际上示波管中电子束最后的轴向速度由第二阳极 A_2 的电压 U_2 决定，即

$$eU_2 = \frac{1}{2}mv_Z^2 \quad 或 \quad v_Z = \sqrt{\frac{2e}{m}U_2} \tag{3-2}$$

如果在电子运动的垂直方向加一个横向电场，电子将在该电场作用下发生横向偏转，如图 3-3 所示。

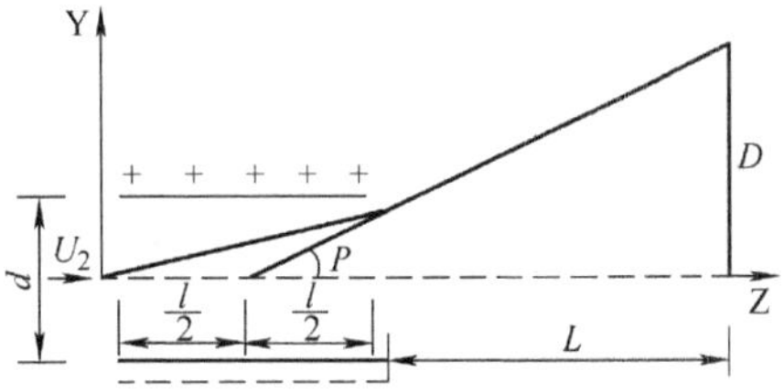

若偏转板长为 l，偏转板末端至屏的距离为 L，偏转电极间距离为 d，轴向加速电压为 U_2，横向偏转电压 U_d，则根据电学和力学的有关推导，可以推导出荧光屏上亮斑的横向偏转量 D 与其他量的关系为

图 3-3　电子束的电偏转

$$D = \left(L + \frac{l}{2}\right)\frac{U_d}{U_2}\frac{l}{2d} = L'\frac{U_d}{U_2}\frac{l}{2d} \tag{3-3}$$

式中，$L' = L + \dfrac{l}{2}$。

在实际的示波管中，偏转电极并非一对平行板，而是呈喇叭口形状，这是为了扩大偏转板的边缘效应，增大偏转板的有效长度。

式（3-3）表明，当 U_2 不变时，电子束的偏转量 D 与偏转电压 U_d 成正比，D 与 U_d 的这一关系可以通过实验验证。一般把 D 与 U_d 的比值称为电偏转灵敏度，记作 K_e。

这里需要研究的是电偏转的灵敏度与第二阳极的加速电压间的关系。从式（3-2）可知，电子束沿 Z 方向的速度 $v_Z \propto \sqrt{U_2}$，而电子束沿 Z 方向运动的速度越大则表示它通过偏转极板所需时间越短，因而横向偏转电场对其作用时间也越短，导致偏转灵敏度越低。事实上，式（3-3）中电子束的偏转量 $D \propto 1/U_2$ 的关系已说明了此情况。本实验中若改变加速电压 U_2（为便于对比，在可能的范围内尽可能把 U_2 分别调至最大或最小），适当调节 U_1 到最佳聚焦，可以测定 D-U_d 直线随 U_2 改变而使斜率改变的情况。

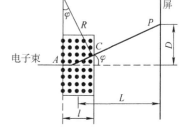

3. 电子束的磁偏转原理

电子束运动遇外加横向磁场时，在洛伦兹力作用下要发生偏转。如图 3-4 所示，设实线方框内有匀强磁场，磁感应强度 $\boldsymbol{B}$ 的方向与纸面垂直且指向读者，方框外磁场为零。

图 3-4　电子束的磁偏转

若电子以速度 v_Z 垂直进入磁场 $\boldsymbol{B}$ 中，受洛伦兹力 $\boldsymbol{F}_m$ 作用，在磁场区域内做半径为 R 的匀速圆周运动。电子沿弧 AC 穿出磁场区后，沿 C 点的切线方向做匀速直线运动，最后打在荧光屏上的 P 点。

设电子进入磁场之前，使其加速的电压为 U_2，加速电场对电子所做之功等于电子动能的增量，有

$$eU_2 = \frac{1}{2}mv_Z^2 \tag{3-4}$$

式中，e 为电子的电量；m 为电子的质量。式（3-4）忽略电子离开阴极 K 时的初动能。

电子以速度 v_Z 垂直进入磁场 $\boldsymbol{B}$ 后，其所受到的洛伦兹力 $\boldsymbol{F}_m$ 的大小为

$$F_m = ev_Z B \tag{3-5}$$

据牛顿运动定律，有

$$ev_Z B = m\frac{v_Z^2}{R} \tag{3-6}$$

所以

$$R = \frac{mv_Z}{eB} \tag{3-7}$$

设偏转角 φ 较小，近似地有

$$\tan \varphi = \frac{l}{R} \approx \frac{D}{L} \tag{3-8}$$

式中，l 为磁场宽度；D 为电子在荧光屏上亮斑的偏转量（忽略荧光屏的微小弯曲）；L 为从横向磁场中心至荧光屏的距离。

据式（3-7）和式（3-8）可得

$$v_Z = \frac{elBL}{mD} \tag{3-9}$$

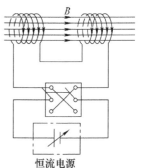

图 3-5　偏转磁场的设置

将式（3-9）代入式（3-4），整理后可得

$$D = lBL\sqrt{\frac{e}{2mU_2}} \tag{3-10}$$

实验中的横向磁场由一对载流线圈产生，接线图如图 3-5 所示。其磁感强度 B 的大小为

$$B = K\mu_0 NI \tag{3-11}$$

式中，μ_0 为真空中的磁导率；N 为单位长度线圈的匝数；I 为线圈中的电流；K 为线圈产生磁场公式的修正系数，$0 < K \leqslant 1$。

将式（3-11）代入式（3-10）可得

$$D = K\mu_0 NIlL\sqrt{\frac{e}{2mU_2}} \tag{3-12}$$

对于给定的示波管和线圈，K、N、l 和 L 均为常量。式（3-12）表明，当加速电压 U_2 一定时，电子束在横向磁场中的偏转量 D 与线圈中的电流 I 成正比。当磁场 $B = K\mu_0 NI$ 一定时，电子束在横向磁场中偏转量 D 与加速电压 U_2 的平方根成反比。

产生磁场的单位电流所引起的电子束的磁偏转量称为磁偏转灵敏度，以 K_m 表示：

$$K_m = \frac{D}{I} = K\mu_0 NlL\sqrt{\frac{e}{2mU_2}} \tag{3-13}$$

显然，K_m 越大表示磁偏转系统的灵敏度越高。在国际单位制中，磁偏转灵敏度的单位为米每安培，记为 $m \cdot A^{-1}$。

总之，磁偏转与电偏转分别是利用磁场和电场对运动电荷施加作用，控制其运动方向。这两种偏转有如下差别：

（1）受力特征。

在磁偏转中，质量为 m、电量为 q 的粒子以速度 v 垂直射入磁感应强度为 B 的匀强磁场中，所受磁场力 F_m（即洛伦兹力）使粒子的速度方向发生变化，而速度方向的变化反过来又使 F_m 的方向变化，F_m 是变力。

在电偏转中，质量为 m、电量为 q 的粒子以速度 v 垂直射入电场强度为 E 的匀强电场中，所受电场力 F_e 与粒子的速度无关，F_e 是恒力。

（2）运动规律。

在磁偏转中，变化的 F_m 使粒子做匀速曲线运动——匀速圆周运动，其运动规律分别从时（周期）、空（半径）两个方面给出。

在电偏转中，恒定的 F_e 使粒子做匀变速曲线运动——类似平抛运动，其运动规律分别从垂直于电场方向和平行于电场方向给出。

（3）偏转情况。

在磁偏转中，粒子的运动方向、所能偏转的角度不受限制，且在相等时间内偏转的角度总是相等。

在电偏转中，粒子的运动方向、所能偏转的角度有限，且在相等的时间内偏转的角度是不相等的。

（4）动能变化。

在磁偏转中，由于 B 始终与粒子的运动方向垂直，所以粒子动能保持不变。

在电偏转中，由于 E 与粒子运动方向之间的夹角越来越小，粒子的动能将不断增大，且增大得越来越快。

【实验仪器】

LB－EB4 型电子束实验仪。该仪器是一台多功能的实验仪器，可以做电子束和示波器的原理等多项实验，仪器的面板布置如图 3-6 所示。

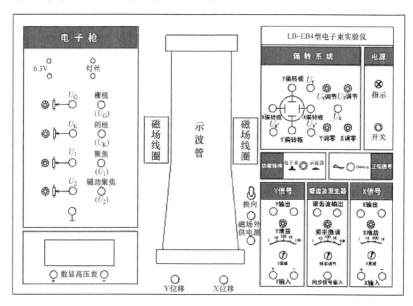

图 3-6　LB－EB4 型电子束实验仪面板

在仪器面板右边中部有一个仪器的"功能转换"按钮，调至"电子束"位置可做本实验。在仪器面板的左边是电子枪控制电路，调节有关的旋钮可改变电子束的聚焦和辉度情况；在仪器面板的右下方，有 Y 信号放大-衰减系统、X 信号放大-衰减系统和锯齿波发生器系统。

【实验内容】

1. 电子束的电偏转部分

（1）用仪器的专用接线，在仪器面板左上角处上分别连接"6.3V"与"灯丝"、"栅极"与"U_G"、"阴极"与"U_K"、"聚焦（U_1）"与"U_1"、"辅助聚焦（U_2）"与"U_2"相互间的对应插孔。

（2）调节"U_K"和"U_1"旋钮，使荧光屏上出现一聚焦亮点。调节栅压"U_G"旋钮，使亮点的亮度适中。（注意，亮点不能过亮，以免烧坏荧光屏上的荧光物质。）

（3）把"数显高压表"的"－"表笔放在阴极（U_K）插孔，"＋"表笔放在"U_2"插孔，测量第二阳极相对于阴极的电压 U_2。调整 U_K 电位器旋钮，尽可能使 U_2 电压提高，同时适当改变 U_1 旋钮，保持光点聚焦，测出加速电压 U_2。将 U_2 的测量值填入实验记录各表中 U_{2max}。

（4）把仪器的"功能转换"按钮按出，使仪器工作在"电子束"实验的状态。

（5）把仪器"偏转系统"的一对"X 偏转板"和一对"Y 偏转板"分别与"U_X"、"$U_{X'}$"和"U_Y"、"$U_{Y'}$"用专用导线相连。

（6）用数显高压表测量"Y 偏转板"两极间的电压，慢慢调节"U_Y 调节"旋钮，观察"Y 偏转板"两极间的电压和屏幕上光点在 Y 方向移动的情况。光点在 Y 方向每改变 1 小格（即 5mm）记录一下偏转电压 U_{Yd} 的数值，测出一组 D_Y-U_{Yd} 数据，并将数据填入表 3-1 中。

表 3-1 Y 方向电子束的电偏转电压 U_{Yd}　　　　（单位：V）

偏转量 D_Y/mm		-20	-15	-10	-5	0	5	10	15	20
U_{2max} =	V									
U_{2min} =	V									

（7）再把光点移到荧屏中间，用数显高压表测量"X 偏转板"两极间的电压，慢慢调节"U_X 调节"旋钮，观察"X 偏转板"两极间的电压和屏幕上光点在 X 方向移动的情况。光点在 Y 方向每改变 1 小格（即 5mm）记录一下偏转电压 U_{Xd} 的数值，测出一组 D_X-U_{Xd} 数据，并将数据填入表 3-2 中。

（8）改变加速电压 U_2 到最小值 U_{2min}，并相应调整聚焦电压 U_1，使荧光屏上亮点再次聚焦。重复步骤（6）和步骤（7），再测两组 D-U_d 值，并将数值填入相应的表中。

表 3-2 X 方向电子束的电偏转电压 U_{Xd}　　　　（单位：V）

偏转量 D_X/mm		-20	-15	-10	-5	0	5	10	15	20
U_{2max} =	V									
U_{2min} =	V									

（9）在同一坐标纸上，以 U_d 为横坐标、D 为纵坐标，分别画出 Y 偏转和 X 偏转的 4 条 D-U_d 直线，并进行比较。（注意：在一般情况下，这 4 条直线不会经过直角坐标系的原点。）

（10）比较以上 4 条直线的斜率，求出偏转灵敏度。

U_{2max} = _____ V 时：$K_{eY} = D/U =$ _____ mm/V

U_{2min} = _____ V 时：$K_{eY} = D/U =$ _____ mm/V

U_{2max} = _____ V 时：$K_{eX} = D/U =$ _____ mm/V

U_{2min} = _____ V 时：$K_{eX} = D/U =$ _____ mm/V

2. 电子束的磁偏转部分

（1）先将加速电压 U_2 调到最大值附近（须保持光点聚焦），记录加速电压 U_2 的值。

（2）再将外接的稳压电源和示波管旁的"磁场外供电源"用导线相连，稳压电源的电压先调至 0V，此时若荧光屏上亮点不在中线，可调节 Y 轴偏转电压，使亮点回到中线。

（3）当线圈通有电流后，横向磁场产生，亮点在荧光屏上由原来的中心原点向上（或向下）偏移。逐步加大稳压电源电压，使电流增大，从而使亮点向上（或向下）偏移 1 小格（5mm），记下稳压电源电流表上的励磁电流 I_d，继续调节电压，使亮点再向上（或向下）偏移 1 小格，再记下励磁电流 I_d……将各数据填入表 3-3 中。

（4）再将加速电压 U_2 调到最小值附近（须保持光点聚焦），记录加速电压 U_2 的值。

（5）重复步骤（3）的内容，并把各数据填入表 3-3 中。

（6）以励磁电流 I_d（平均值）为横坐标、偏转量 D 为纵坐标，在坐标纸上作 D-I 关系曲线。可以看到 D-I 关系是一条直线，并分别求出两直线的斜率 K_m。

表 3-3　励磁电流 I_d　　　　　　　　　　（单位：A）

偏转量 D/mm	−20	−15	−10	−5	0	5	10	15	20
$U_{2max} =$　　　V									
$U_{2min} =$　　　V									

根据磁偏转量 D 与 I 的关系图，用图解法测得磁偏转灵敏度。

$U_{2max} =$ _____ V 时：$K_m = D/I =$ _____ m/A

$U_{2min} =$ _____ V 时：$K_m = D/I =$ _____ m/A

【注意事项】

1. 调节栅压"U_G"旋钮时，应使亮度适中，过亮会损坏荧光屏。

2. 在高压接线柱接线时，必须先关闭电源，并单手操作，以防触电。

【思考题】

1. 根据本实验所得到的测量数据，发生电偏转时在 X 方向和 Y 方向上哪一个的偏转灵敏度大？根据示波管的构造分析这是什么原因造成的？

2. 当加速电压 $U_2 = 900V$ 时，电子的速度有多大？若电子从阴极到荧光屏保持此速度不变，约需多长时间？（设阴极到荧光屏距离为 16cm）

3. 在电子束发生电偏转时若偏转电压 U_d 同时加在 X、Y 偏转电极上，预期光点会随 U_d 做何变化？

4. 在磁偏转实验中，若外加横向磁场后光点向上移动，这时通过改变 Y 方向的电偏转电压 U_d 使光点的净偏转为零后，再增加 U_2 的加速电压，会发生什么情况？

实验四　磁聚焦法测定电子荷质比

19 世纪 80 年代，英国物理学家 J. J. 汤姆逊在剑桥卡文迪许实验室做了一个著名的实验：使阴极射线受强磁场的作用而发生偏转，显示射线运行轨迹的曲率半径；并采用静电偏转力与磁场偏转力平衡的方法求得粒子的速度，结果发现了"电子"，并测定出电子的电量与质量之比为 1.7×10^{11} C/kg，这对人类科学做出了重大的贡献。1911 年密立根又测定了电子的电量，从而可以间接地计算出电子的质量，这进一步对电子的存在提供了实验证据，也证明了原子是可以分割的。所以电子荷质比的测定实验，在近代物理学的发展史上占有极其重要的地位。当然，测量电子荷质比的方法还有磁聚焦法、磁控管法、汤姆逊法等，经现代科学技术的测定电子荷质比的标准值是 1.759×10^{11} C/kg。本实验采用磁聚焦法测定电子荷质比。

【实验目的】

1. 学习测定电子荷质比的一种方法。
2. 了解电子束发生电偏转、磁偏转、电聚焦、磁聚焦的原理。
3. 了解示波管的构造和各电极的作用。

【实验原理】

1. 示波管的简单介绍

本实验所用的 8SJ31J 型示波管的构造如图 4-1 所示。灯丝 F 通电以后发热，用于加热阴极 K。阴极是个表面涂有氧化物的金属圆筒，经灯丝加热后温度上升，一部分电子脱离金属表面，成为自由电子发射，自由电子在外电场作用下形成电子流。栅极 G 为顶端开有小孔的圆筒，套装于阴极之外，其电位比阴极电位低。这样，阴极发射出来的具有一定初速度的电子，通过栅极和阴极间形成的电场时电子减速。初速度大的电子可以穿过栅极顶端小孔射向荧光屏，初速度小的电子则被电场排斥返回阴极。如果栅极所加电压足够低，可使全部电子返回阴极，而不能穿过栅极的小孔。这样，调节栅极电位就能控制射向荧光屏的电子流密度。打在荧光屏上的电子流密度大，电子轰击荧光屏的总能量大，荧光屏上激发的荧光就亮一些，反之，荧光屏就不发光。所以调节栅极和阴极之间的电位差，可以控制荧光屏上光点的亮度，这就是亮度调节或称为辉度调节。

为了使电子束获得较大能量轰击荧光屏发光，在栅极之后装有加速电极，其相对于阴极的电压一般为 $1 \sim 2 kV$。加速电极是一个长形金属圆筒，筒内装有具有同轴中心孔的金属膜片，用于阻挡离开轴线的电子，使电子束具有较细的截面。加速电极之后是第一阳极 A_1 和

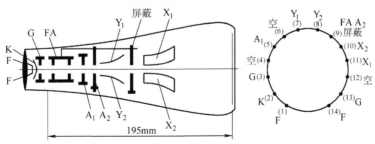

图 4-1　8SJ31J 型示波管结构示意图

第二阳极 A_2。第二阳极通常和加速电极相连，而第一阳极对阴极的电压一般为几百伏特。这三个电极所形成的电场，除对阴极发射的电子进行加速外，还使之会聚成很细的电子束，这种作用称为聚焦作用。改变第一阳极的电压，可以改变电场分布，以使电子束在荧光屏上聚焦成细小的光点，这就是聚焦调节。当然，改变第二阳极的电压，也会改变电场分布，从而改变电子束在荧光屏上聚焦的好坏，故称辅助聚焦调节。

为使电子束能够达到荧光屏上的任何一点，必须使电子束在两个互相垂直的方向上都能偏转，这种偏转可以用静电场或者磁场来实现。一般示波管采用静电场的办法使电子束偏转，称静电偏转。静电偏转所需的电场由两对互相垂直的偏转板提供，其中一对能使电子束在 X 方向偏转，称 X 向偏转板 D_X；另一对能使电子束在 Y 方向偏转，称 Y 向偏转板 D_Y。关于这两对偏转板的作用原理，详见实验三"电子束的电偏转和磁偏转研究"。

2. 电子射线的电聚焦原理

在示波管中，阴极发出的电子处于加速电极的加速电场中，这个电场从加速电极经过栅极的小圆孔而达到阴极表面，如图 4-2 所示。这个电场的分布具有这样的性质，使由阴极表面不同点发出的电子，在向阳极方向运动时，在栅极小圆孔前方会聚，形成一个电子束的交叉点 F_1。由加速电极、第一阳极和第二阳极所组成的电聚焦系统，就是把上述的交叉点 F_1 成像在示波管的荧光屏上，呈现为直径足够小的光点 F_2，如图 4-3 所示。这与凸透镜对光的会聚作用相似，所以通常称为电子透镜。

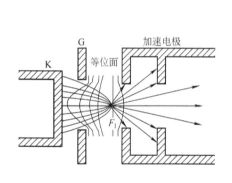 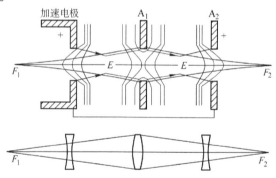

图 4-2　电子射线的电聚焦　　　　图 4-3　电子透镜示意图

为了说明静电透镜的聚焦原理，在两块电位差为 10V 的带电平行板中间放进一块带有圆孔的金属膜片 M，如图 4-4 所示。

若在图 4-4a 中的膜片 M 上加 4V 的电压，这时膜片左右的电场都是平行的均匀电场，M 上的电位处在"自然"电位状态。左极板出发的电子，通过膜片至右极板的整个过程都是匀加速运动，不存在透镜作用。

在图 4-4b 中，由于膜片 M 的电位为零，低于"自然"电位，这时在膜片 M 的左方远离开孔处没有电场存在，而在右方电场强度（或等位面密度）却增加了。由于右极板上正电位的影响，膜片 M 的圆孔中心的电位要比膜片高些，其等位面伸向左面的低压空间，形成如图 4-4b 图所示的等位曲面，这些曲面与中心轴成轴对称。

由于电场强度 E 的方向与等位面保持垂直，自高电位指向低电位，这时在小孔附近电场强度的方向偏离孔的中心轴，而电子受力的方向与电场强度 E 的方向相反。因此，自左极板出发的电子，经过膜片 M 的圆孔向右极板运动时，在圆孔处由于受到偏向中心轴的作

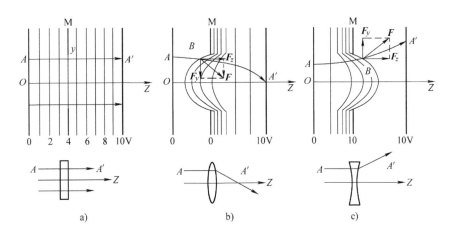

图4-4　电聚焦、电偏转原理图

用力而弯曲运动，折向曲线，最终与轴相交于 A′点。这个作用与光学凸透镜类似，起一个会聚透镜的作用。因此，电场强度方向偏离中心轴的静电透镜是会聚透镜。膜片 M 的电位降得越低，等位面的弯曲程度就越厉害，透镜对电子的会聚能力就越强。

与图4-4b 图相反，若图4-4c 图中膜片 M 的电位为 10V，高于"自然"电位，等位面在膜片 M 的圆孔处伸向右方的高压空间，这个电场的方向向中心轴会聚。因此，使电子束偏离中心轴而弯曲运动，这与光学的凹透镜类似，起一个发散透镜的作用。

在 8SJ31J 型示波管中，加速电极、第一阳极和第二阳极是采用一个圆筒、两片膜片组成的，如图4-3 所示。根据以上的讨论，这个静电透镜的中间部分是一个会聚透镜，而两边是发散透镜。由于中间部分处在低压空间，电子运动的速度小，滞留的时间长，因而偏转大，所以合成的透镜仍然具有会聚的性质。改变各电极之间的电位差，特别是改变第一阳极的电位，相当于改变了电子透镜的焦距，可使电子束的会聚点正好和荧光屏相重合，这就是电子射线的电聚焦原理。

3. 电子射线的磁聚焦原理（偏转电场为零）

若将示波管的加速电极（第二阳极 A_2）、偏转电极 D_X 和 D_Y 全部连在一起，并相对于阴极加一电压 U_A，这样电子一进入加速电极后就在零电场中做匀速运动，这时来自交叉点 F_1 的发散的电子束将不再会聚，而在荧光屏上形成一个光斑。为了能使电子束聚焦，可在示波管外套一个螺线管，通以电流后在电子束前进方向产生一均匀的磁感应强度为 B 的磁场。在 8SJ31J 型示波管中，栅极和加速电极靠得很近，故可以认为电子离开电子束交叉点 F_1 后又立即进入电场为零的均匀磁场中运动（本实验中 F_1 到荧光屏的距离为 0.198m）。

对于在均匀磁场 B（电场为零）中以速度 v 运动的电子，将受到洛伦兹力 F 的作用，即

$$F = -ev \times B \tag{4-1}$$

当 v 和 B 同向时，力 F 等于零，电子的运动不受磁场的影响。当 v 和 B 垂直时，力 F 垂直于速度 v 和磁场 B，电子在垂直于 B 的平面内做匀速圆周运动，如图4-5a 所示。维持电子做圆周运动的力就是洛伦兹力，即

$$F = evB = m\frac{v^2}{R} \tag{4-2}$$

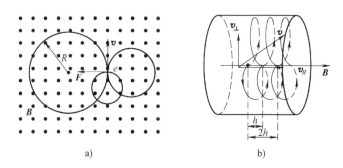

图 4-5   磁聚焦原理图

电子轨道的半径为

$$R = \frac{mv}{eB} \tag{4-3}$$

电子绕圆一周所需的时间（周期）为

$$T = \frac{2\pi R}{v} = \frac{2\pi m}{eB} \tag{4-4}$$

由式（4-3）和式（4-4）可见，周期 T 和电子速度无关，即在均匀磁场中，不同速度的电子绕圆一周所需的时间是相同的。只是速度越大的电子，所绕圆周的半径 R 也越大。这一结论很重要，它是磁聚焦的理论根据。

在一般情况下，电子的速度 $\boldsymbol{v}$ 和磁场 $\boldsymbol{B}$ 之间成一角度 θ，这时可将 $\boldsymbol{v}$ 分解为与 $\boldsymbol{B}$ 平行的轴向速度 $\boldsymbol{v}_{//}$（$v_{//} = v\cos\theta$）和与 $\boldsymbol{B}$ 垂直的径向速度 $\boldsymbol{v}_{\perp}$（$v_{\perp} = v\sin\theta$）两部分，如图 4-5b 所示。且 $\boldsymbol{v}_{//}$ 将保持不变，即电子沿轴方向做匀速运动；而 $\boldsymbol{v}_{\perp}$ 在洛伦兹力作用下使电子绕轴做圆周运动。合成的电子运动的轨迹为一条螺旋线，如图 4-5b 所示。其螺距为

$$h = v_{//} T = \frac{2\pi m}{eB} v_{//} \tag{4-5}$$

对于从同一个电子束交叉点 F_1 出发的不同电子，虽然径向速度 $\boldsymbol{v}_{\perp}$ 各不相同，所走的圆周半径 R 也各不相同，但只要轴向速度 $\boldsymbol{v}_{//}$ 相等，并选择合适的径向速度 $\boldsymbol{v}_{\perp}$ 和磁场 $\boldsymbol{B}$（改变 $\boldsymbol{v}_{\perp}$ 的大小可通过调节加速电极的电压 U_A 来完成；而改变磁场 $\boldsymbol{B}$ 的大小可通过调节产生磁场的螺线管中的励磁电流 I 来完成），使电子在经过的路程 l 中恰好包含有整数个螺距 h，这时电子束又将会聚于一点，这就是电子射线的磁聚焦原理。

4. 零电场法测定电子荷质比

我们知道，电子的速度 v 应该由加速电极的电压 U_A 决定（电子离开阴极时的初速度相对来说很小，可以忽略），即

$$\frac{1}{2} mv^2 = eU_A \tag{4-6}$$

因为 θ 角很小，所以

$$v_{//} \approx v = \sqrt{\frac{2eU_A}{m}} \tag{4-7}$$

可见电子在匀速磁场中运动时，具有相同的轴向速度，但由于 θ 角不同，径向速度将不同。因此，它们将以半径不同，而螺距相同的螺旋线运动。经过时间 T 后，将在

$$h = \frac{2\pi m}{eB}v_{/\!/} \tag{4-8}$$

的地方聚焦。调节磁场 $\boldsymbol{B}$ 的大小，使螺距 h 正好等于电子束交叉点 F_1 到荧光屏之间的距离 l，这时在荧光屏上的光斑将聚焦成一个小亮点，由于

$$l = h = \frac{2\pi m}{eB}v_{/\!/} = \frac{2\pi m}{eB}\sqrt{\frac{2eU_A}{m}} \tag{4-9}$$

故荷质比为

$$\frac{e}{m} = \frac{8\pi^2 U_A}{l^2 B^2} \tag{4-10}$$

螺线管内轴线上磁感应强度 B 的计算公式为

$$B = \frac{\mu_0}{2}nI(\cos\beta_2 - \cos\beta_1)$$

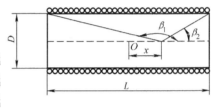

图 4-6　螺线管

如图 4-6 所示，上式中，$\mu_0 = 4\pi \times 10^{-7}$ H/m；n 为螺线管单位长度匝数；I 为励磁电流；β_1、β_2 是从该点到线圈两端的连线与轴的夹角。若螺线管的长度为 L，螺线管的总匝数为 N，螺线管的平均直径为 D，则距轴线中点 O 为 x 的某点的 B 可表示为

$$B = \frac{\mu_0}{2}nI\left[\frac{L/2 - x}{\sqrt{(D/2)^2 + (L/2 - x)^2}} + \frac{L/2 + x}{\sqrt{(D/2)^2 + (L/2 + x)^2}}\right]$$

显然，B 是 x 的非线性函数，若 L 足够大，且使用中间一端时，则可近似认为均匀磁场，于是

$$B = \mu_0 nI$$

若 L 不足够大，且实验中仅使用中间一段，则可以引入修正系数 K：

$$K = \frac{1}{2x_0}\left[\sqrt{(D/2)^2 + (L/2 + x_0)^2} - \sqrt{(D/2) + (L/2 - x_0)^2}\right]$$

$$\overline{B} = K\mu_0 nI = K\mu_0 \frac{N}{L}I \tag{4-11}$$

由式（4-10）和式（4-11），得

$$\frac{e}{m} = \frac{8\pi^2 U_A L^2}{l^2 K^2 \mu_0^2 N^2 I^2} = \frac{L^2 U_A}{2K^2 l^2 N^2 I^2} \times 10^{14} (\text{C/kg}) \tag{4-12}$$

式中，L、N、K、l 都由实验室提供，只需测出第二阳极 A_2 与阴极 K 之间的电压 U_A 和聚焦电流 I 就可由式（4-12）计算电子的荷质比。

5. 电场偏转法测定电子荷质比

电场偏转法是在示波管的垂直偏转板上加一个交流电压，使电子获得偏转速度，在螺线管未通电时，因电子射线偏转而在荧光屏上出现一条亮线。接通励磁电流后，不同偏转速度的电子将沿不同的螺旋线运动，但在荧光屏上所观察到的轨迹仍然是一条亮线。随着磁感应

强度 B 的逐渐增大，亮线开始转动，并逐渐缩短。当亮线转过 π 时缩成一点，这是因为不同偏转速度的电子经过一个螺距 h 后又会聚在一起的原因。故第一次聚焦时，螺距 h 在数值上等于垂直偏转板中心到荧光屏的距离 l'（0.142m），与式（4-12）相似，电子荷质比为

$$\frac{e}{m} = \frac{L^2 U_A}{2K^2 l'^2 N^2 I^2} \times 10^{14} \,(\text{C/kg}) \tag{4-13}$$

【实验仪器】

LB-EB4 型电子束实验仪如图 3-6 所示（见实验三）。与本实验有关部分为：电子枪控制电路、示波管、纵向磁场励磁线圈、偏转系统和数字电压表。在仪器面板右边中部有个仪器的"功能转换"按钮，调至"电子束"位置可做本实验。

除此之外，还有数显励磁恒流电源、6.3V 交流电源和双刀换向开关等。

【实验内容与数据处理】

1. 观察电子射线的电聚焦现象

（1）在电子枪部分，分别将 6.3V 交流电源与灯丝 F、U_G 与栅极 G、U_K 与阴极 K、U_1 与聚焦极 A_1、U_2 与加速极 A_2 相连。

（2）在偏转系统，分别将 Y 偏转板与 U_Y、Y′偏转板与 $U_{Y'}$、X 偏转板与 U_X、X′偏转板与 $U_{X'}$ 相连。

（3）打开电源开关，将"功能转换"按钮调至"电子束"位置，用数显高压表分别测 U_X 与 U_Y，调 U_X 调节与 U_Y 调节旋钮，使之为零，再分别调节 X 调零与 Y 调零旋钮，使光点位于荧光屏坐标原点。

（4）分别调节亮度旋钮（即调节栅极 G 相对于阴极 K 的负电压）、聚焦旋钮（即调节第一阳极 A_1 电压，以改变电子透镜的焦距，达到聚焦的目的）、辅助聚焦旋钮（即调节加速电极和第二阳极 A_2 电压）。

（5）观察各旋钮的作用和各电极所加电压的大小，并记录聚焦最好、亮度适中时的各电压值。实验中必须注意，亮点的亮度切勿过亮，以免烧坏荧光屏。

2. 用电场偏转法测定电子的荷质比

（1）在 Y 与 Y′偏转板上加 6.3V 交流电，并在螺线管上接入励磁恒流电源。

（2）观察 Y 方向在螺线管未通电时，因电子射线偏转而在荧光屏上出现一条亮线。接通励磁电流后，随着励磁电流的增加，磁感应强度 B 逐渐增大，亮线开始转动，并逐渐缩短。当亮线转过 π 时缩成一点，即出现第一次聚焦。继续增加励磁电流将出现第二次、第三次聚焦。

（3）在一定的加速电压 U_A 下，仔细调节各次聚焦，测出励磁电流 I，各测 5 次，求其平均值 $I_i (i=1,2,3)$，然后再求出 I_1、I_2、I_3 的平均值 $I=(I_1+I_2+I_3)/6$。改变励磁电流方向，重复此过程。

（4）改变加速电压 U_A 两次，重复步骤（3）仔细测量，将数据填入表 4-1。

（5）根据实验室给出的各已知量由式（4-13）计算电子的荷质比，求平均值，与公认值比较计算百分误差。

表 4-1

$L = $ _____ m；$D = $ _____ m；$N = $ _____ 匝；$l' = $ _____ m；$K = $ _____

U_A/V	电流方向	I/A	第一次	第二次	第三次	第四次	第五次	平均值	$I = \sum\limits_{i=1}^{3} I_i/6$	$\dfrac{e}{m} = \dfrac{L^2 U_A}{2K^2 l'^2 N^2 I^2} \times 10^{14}$（C/kg）	平均值	百分误差
	正	I_1'										
		I_2'										
		I_3'										
	反	I_1'										
		I_2'										
		I_3'										
	正	I_1'										
		I_2'										
		I_3'										
	反	I_1'										
		I_2'										
		I_3'										
	正	I_1'										
		I_2'										
		I_3'										
	反	I_1'										
		I_2'										
		I_3'										

3. 观察电子射线的零电场磁聚焦现象及电子的荷质比的测定

（1）在偏转系统部分，分别将 Y 偏转板与 U_Y、Y′ 与 $U_{Y'}$、X 与 U_X、X′ 与 $U_{X'}$ 断开，而将偏转板 X、Y、X′、Y′ 全部连在一起。

（2）在电子枪部分，断开 U_1 与 A_1 的连线，将第一阳极 A_1 与加速电极和第二阳极 A_2 连在一起，并与偏转板相连。调节辅助聚焦、高压调节和亮度旋钮使加速电压 U_A 约为 1000V。这时来自电子束交叉点 F_1 的发散的电子束进入加速电极，在零电场中做匀速运动，且不再会聚焦，而在荧光屏上形成一个光斑。

（3）为了使电子束聚焦，将螺线管接上数显励磁恒流电源。调节螺线管的励磁电流 I，改变均匀磁场强度 B，观察第一次出现的磁聚焦现象。继续增加励磁电流 I，以加大螺线管磁场，这时将观察到第二次聚焦、第三次聚焦等。实验中必须注意，线路的连接与断开必须单手操作，注意安全。

（4）在一定的加速电压 U_A 下，仔细调节各次聚焦，测出励磁电流 I，各测 5 次，求其平均值 $I_i (i = 1, 2, 3)$，然后再求出 I_1、I_2、I_3 的平均值 $I = (I_1 + I_2 + I_3)/6$。改变励磁电流方向，重复此过程。

（5）改变加速电压 U_A 两次，重复步骤（4）仔细测量，将数据填入表4-2。

（6）根据实验室给出的各已知量由式（4-12）计算电子的荷质比，求平均值，与公认值比较计算百分误差。

表　4-2

$L =$ _____ m; $D =$ _____ m; $N =$ _____ 匝; $l =$ _____ m; $K =$ _____

U_A/V	电流方向	I/A	第一次	第二次	第三次	第四次	第五次	平均值	$I = \sum_{i=1}^{3} I_i/6$	$\dfrac{e}{m} = \dfrac{L^2 U_A}{2K^2 l^2 N^2 l^2} \times 10^{14}$ (C/kg)	平均值	百分误差
	正	I_1'										
		I_2'										
		I_3'										
	反	I_1'										
		I_2'										
		I_3'										
	正	I_1'										
		I_2'										
		I_3'										
	反	I_1'										
		I_2'										
		I_3'										
	正	I_1'										
		I_2'										
		I_3'										
	反	I_1'										
		I_2'										
		I_3'										

【注意事项】

1. 在高压接线柱接线时，必须先关闭电源，并单手操作，以防触电。

2. 调节亮度旋钮时，应使亮度适中，过亮会损坏荧光屏。同时亮点过亮不易判断聚焦是否最佳。

3. 螺线管不可长时间在大电流下工作，以免线圈过热。

4. 重复测量时要保持加速电压为一定值。

【思考题】

1. 电聚焦与磁聚集的原理是什么？两者光斑收缩的情况是否相同？

2. 你认为产生误差的因素有哪些？如何减小测量误差？

实验五　光纤通信原理及实验

光纤通信技术是当代通信技术发展的最新成就，在信息传输的速率和距离，以及通信系统的有效性、可靠性和经济性方面取得了卓越的成就，使通信领域发生了巨大的变化，已成为现代通信的基石。

光纤即光导纤维，光纤通信即以光波为载频，以光导纤维为传输介质的一种通信方式。

1966 年，英籍华裔学者高锟和霍克哈母发表了关于传输介质新概念的论文，指出了利用光纤（Optical Fiber）进行信息传输的可能性和技术途径，奠定了现代光纤通信的基础。1970 年，光纤研制取得了重大突破，同时作为光纤通信用的光源也取得了实质性的进展。由于光纤和半导体激光器的技术进步，使 1970 年成为光纤通信发展的一个重要里程碑。1976 年，美国在亚特兰大进行了世界上第一个实用光纤通信系统的现场实验，系统采用GAALAS 激光器作为光源，多模光纤作为传输介质，速率为 44.7Mbit/s，传输距离约10km。1976 年在美国亚特兰大进行的现场实验也标志着光纤通信从基础发展到了商业应用的阶段。此后，光纤通信技术不断发展：光纤从多模发展到单模，工作波长从 850nm 发展到 1310nm和 1550nm，传输速率从几十发展到几千兆比特每秒。另一方面，随着技术的进步和大规模产业的形成，光纤价格不断下降，应用范围不断扩大：从初期的市话局间中继到长途干线进一步延伸到用户接入网，从数字电话到有线电视（CATV），从单一类型信息的传输到多种业务的传输。同时由于光纤通信的诸多优点，如传输频带宽、通信容量大；传输损耗低、中继距离长；线径细、重量轻，原料为石英，节省金属材料，有利于资源合理使用；绝缘、抗电磁干扰性能强；还具有抗腐蚀能力强、抗辐射能力强、可绕性好、无电火花、泄露小、保密性强等优点，可在特殊环境或军事上使用等，目前光纤已成为信息宽带的主要介质，光纤通信系统将成为未来国家基础设施的支柱。

【实验目的】

1. 了解光纤通信系统的基本原理及基本结构。
2. 掌握 LTE – GX – 02E 型光纤通信实验系统各模块的构造及功能。
3. 了解模拟信号（正弦波、三角波、方波、电话语音、图像）光纤系统的通信原理。
4. 了解完整的模拟信号（正弦波、三角波、方波、电话语音、图像）光纤通信系统的基本结构。
5. 了解固定速率时分复用和解固定速率时分复用的实现方法。
6. 了解 4 路数据电话光纤综合传输系统（选做）。

【实验原理】

1. 光纤通信系统基本原理和结构

一个实用的光纤通信系统，要配置各种功能的电路、设备和辅助设施才能投入运行，如接口电路、复用设备、管理系统，以及供电设施等，并根据用户需求、要传送的业务种类和所采用传送体制的技术水平等来确定具体的系统结构。因此，光纤通信系统结构的形式是多种多样的，但其基本结构仍然是确定的，如图 5-1 所示。

光纤通信系统主要由三部分组成：光发射机、传输光纤和光接收机。其电/光和光/电变换的基本方式是直接强度调制和直接检波。实现过程如下：输入电信号既可以是模拟信号

（如视频信号、电话语音信号），也可以是数字信号（如计算机数据、PCM 编码信号）；调制器将输入的电信号转换成适合驱动光源器件的电流信号并用来驱动光源器件，对光源器件进行直接强度调制，完成电/光变换的功能；光源输出的光信号直接耦合到传输光纤中，经一定长度的光纤传输后送达接收端；在接收端，光电检测器对输入的光信号进行直接检波，将光信号

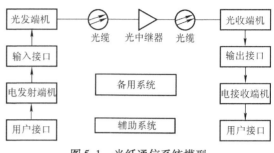

图 5-1　光纤通信系统模型

转换成相应的电信号，再经过放大恢复等电处理过程，以弥补线路传输过程中带来的信号损伤（如损耗、波形畸变），最后输出和原始输入信号相一致的电信号，从而完成整个传送过程。此外，光纤通信系统还包括中继器和光纤连接器、耦合器等无源器件等。中继器由光检测器、光源和判决再生电路组成。它的作用有两个：一个是补偿光信号在光纤中传输时受到的衰减；另一个是对波形失真的脉冲进行校正。由于光纤或光缆的长度受光纤拉制工艺和光缆施工条件的限制，且光纤的拉制长度也是有限度的（如 1km），因此一条光纤线路可能存在多根光纤相连接的问题。于是，光纤间的连接、光纤与光端机的连接及耦合，对光纤连接器、耦合器等无源器件的使用是必不可少的。

根据所使用的光波长、传输信号形式、传输光纤类型和光接收方式的不同，光纤通信系统可分类如下。

（1）按光波长划分。

类　　别	特　　点
短波长光纤通信系统	工作波长：800～900nm；中继距离：≤10km
长波长光纤通信系统	工作波长：1000～1600nm；中继距离：>100km
超长波长光纤通信系统	工作波长：≥2000nm；中继距离：≥1000km；采用非石英光纤

（2）按光纤特点划分。

类　　别	特　　点
多模光纤通信系统	传输容量：≤100Mbit/s；传输损耗：较高
单模光纤通信系统	传输容量：≥140Mbit/s；传输损耗：较低

（3）按传输信号形式划分。

类　　别	特　　点
数字光纤通信系统	传输信号：数字；抗干扰；可中继
模拟光纤通信系统	传输信号：模拟；短距离；成本低

（4）按光调制的方式划分。

类　　别	特　　点
强度调制直接检测系统	简单、经济，但通信容量受到限制
外差光纤通信系统	技术难度大，传输容量大

（5）其他。

类　别	特　点
相干光纤通信系统	光接收灵敏度高；光频率选择性好；设备复杂
光波分复用通信系统	一根光纤中传送多个单/双向波长；超大容量，经济效益好
光时分复用通信系统	可实现超高速传输；技术先进
全光通信系统	传送过程无光电变换；具有光交换功能；通信质量高
副载波复用光纤通信系统	数模混传；频带宽，成本低；对光源线性度要求高
光孤子通信系统	传输速率高，中继距离长；设计复杂
量子光通信系统	量子信息论在光通信中的应用

2. LTE－GX－02E 型光纤通信实验系统

LTE－GX－02E 型光纤通信实验系统的整体框架图如图 5-2 所示。

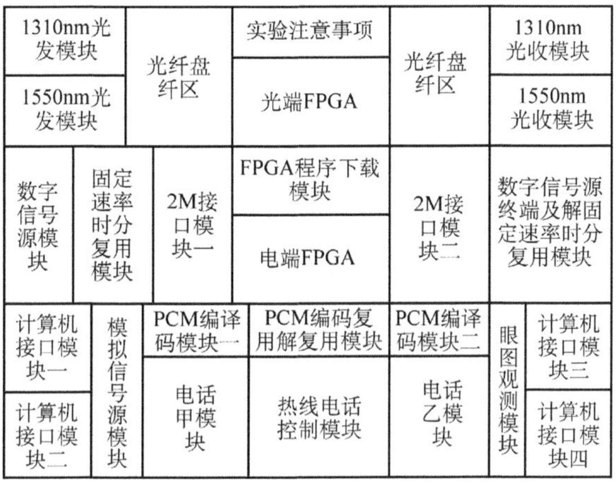

1310nm光发模块
1550nm光发模块
光纤盘纤区
实验注意事项
光端FPGA
光纤盘纤区
1310nm光收模块
1550nm光收模块
数字信号源模块
固定速率时分复用模块
2M接口模块一
FPGA程序下载模块
电端FPGA
2M接口模块二
数字信号源终端及解固定速率时分复用模块
计算机接口模块一
计算机接口模块二
模拟信号源模块
PCM编译码模块一
PCM编码复用解复用模块
PCM编译码模块二
电话甲模块
热线电话控制模块
电话乙模块
眼图观测模块
计算机接口模块三
计算机接口模块四

图 5-2　LTE－GX－02E 型光纤通信实验系统的整体框架图

LTE－GX－02E 型光纤通信实验系统的系统框架图如图 5-3 所示。

帧同步
D1
D2
D3
同步复用
FC1
FC2
FC3
复接
其他
终端
变速率时分复用
HDB3编码
电平变换
E1
同轴
电平反变换
HDB3译码
加扰
CMI编码
光发送机
光纤
光接送机
CMI译码
解扰
HDB3编码
电平变换
同轴
E1
电平变换
HDB3译码
变速解复用
同步解复接
电终端
光终端
光终端
电终端

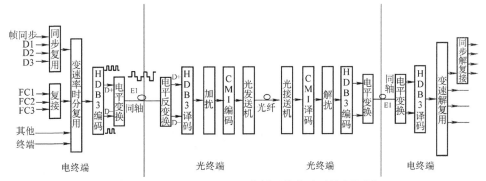

图 5-3　LTE－GX－02E 型光纤通信实验系统框架图

3. 模拟信号光纤传输系统

本实验中将模拟信号源输出的正弦波、三角波、方波信号通过光纤进行传输。模拟信号源的电路图如图 5-4 所示。

图中 P400 是输入的方波信号，输入的方波信号有两种频率 1kHz、2kHz 可选；P401 是三角波的输出端，P410 是正弦波的输出端。

4. 电话语音光纤传输系统

本实验系统的电话系统采用了热线电话的模式：其中任意一路摘机后（假定是甲路），

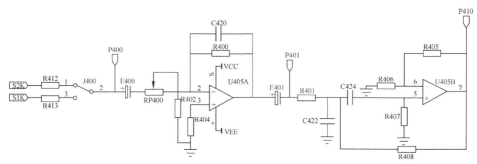

图 5-4　模拟信号源的电路图

另一路将振铃（假定是乙路），而电话甲将送回铃音；当乙路摘机后，双方进入通话状态；当其中一路挂机后另一路将送忙音；当两部电话都挂机后通话结束。

电话接口芯片采用的是 AM79R70，电路原理如图 5-5 所示。

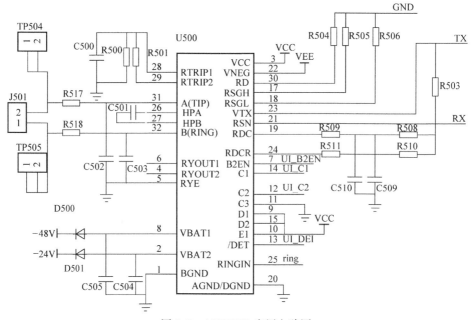

图 5-5　AM79R70 应用电路图

AM79R70 的工作状态说明见表 5-1。

表 5-1　AM79R70 的工作状态

状态	C3	C2	C1	两线状态	/DET 输出		馈电选择
					E1 = 1	E1 = 0	
0	0	0	0	开路	振铃回路	振铃回路	B2EN
1	0	0	1	振铃	振铃回路	振铃回路	
2	0	1	0	通话状态	环路检测	接地键	
3	0	1	1	挂机传输	环路检测	接地键	
4	1	0	0	Tip 开路	环路检测	接地键	B2EN
5	1	0	1	候机（备用）	环路检测	接地键	VBAT1
6	1	1	0	接通极性反转	环路检测	接地键	B2EN
7	1	1	1	挂机极性反转	环路检测	接地键	

当 B2EN 输入低电平时，使用 VBAT2 馈电；当输入高电平时，使用 VBAT1 馈电。其中，C2、C1、B2EN 都由电话控制电路的单片机 U500 控制。

AM79R70 在 ALU 的应用：

ALU（模拟用户接口单元）是连接普通模拟话机和数字交换网络的接口电路，CCITT 为程控数字交换机的模拟用户接口规定了 7 项功能，称为 BORSCHT，图 5-3 是 BORSCHT 的结构框图，这 7 项功能分述如图 5-6 所示。

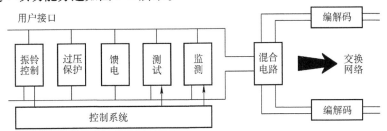

图 5-6　BORSCHT 结构框图

（1）馈电 B。在目前的交换机中，普遍都对外部模拟话机提供集中供电方式，即话机中送话器所需的直流工作电流由交换机提供，馈电电压一般为 −48V。

（2）过压保护 O。交换机接口应保护交换机的内部电路不受外界雷电、工业高压和人为破坏的损害。

（3）振铃控制 R。接口应能向话机输送铃流，并能在话机摘机后切断铃流（截铃）。

（4）监测 S。接口应能监测用户环路直流电流的变化，并向控制系统输出相应的摘、挂机信号和拨号脉冲信息。

（5）编解码 C。用于完成模拟话音信号及带内信令的 PCM 编码和解码。

（6）混合电路 H。用于完成环路 2 线传输与交换网络 4 线传输之间的变换。

（7）测试 T。接口通常还应提供测试环路系统各个环节工作状态的辅助功能。

AM79R70 在 ALU 中主要完成 B（馈电）、O（过压保护）、R（振铃控制）、S（监测）、H（混合电路）、T（测试）功能，而编解码通常由编解码芯片来完成。

5. 图像光纤传输系统

因为视频信号的带宽为 0～6MHz，相对于语音信号的 0～3kHz 来说宽了许多，因此光发射机和光接收机的要求更加严格。在实验中应该认真仔细地调整才能得到满意的图像传输效果。实验框图如图 5-7 所示。

6. 固定速率时分复用和解固定速率时分复用原理及实现

在实际应用中，通常总是把数字复接器和数字分接器装在一起做成一个设备，称为复接分接器。数字复接器的作用是把两个或两个以上的支路数字信号按时分复接方式合并成为单一的合路数字信号。数字复接器由定时、调整和复接单元所组成。定时单元的作用是为设备提供统一的基准时间信号，配有内部时钟，也可以由外部时钟推动。调整单元的作用是对各输入支路数字信号进行必要的频率或相位调整，形成与本机定时信号完全同步的数

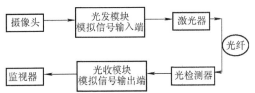

图 5-7　光纤图像传输实验框图

字信号。复接单元的作用是对已同步的支路信号进行时间复接以形成合路数字信号。

复接方式：将低次群复接成高次群的方法有三种，分别是逐比特复接、按码字复接、按帧复接。在本实验中，由于速率固定，信息流量不大，所以我们所应用的方式为按码字复接，下面把这种复接方式做简单介绍，对于其他两种方式将在以后的实验中进行介绍。

按码字复接：对本实验来说，速率固定，信息结构固定，每 8 位码代表一"码字"。这种复接方式是按顺序每次复接 1 个信号的 8 位码，输入信息的码字轮流被复接。复接过程是，首先取第一路信息的第一组"码字"，接着取第二路信息的第一组"码字"，再取第三路信息的第一组"码字"；轮流将 3 个支路的第一组"码字"取值一次后再进行第二组"码字"取值；其方法仍然是首先取第一路信息的第二组"码字"，接着取第二路信息的第二组"码字"，再取第三路信息的第二组"码字"；轮流将 3 个支路的第二组"码字"取值一次后再进行第三组码取值，以此类推，一直循环下去，这样得到复接后的二次群序列（d），如图 5-8 所示。这种方式由于是按码字复接，循环周期较长，所需缓冲存储器的容量较大，目前很少应用。

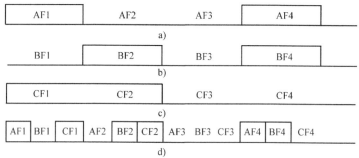

图 5-8　按码字复接示意图

a）第一路信息　b）第二路信息　c）第三路信息　d）复接后

固定速率时分复用包含数字信号源、复接器两个部分。

（1）数字信号源。

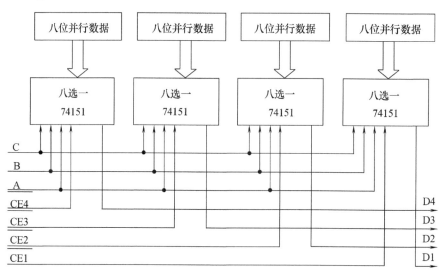

74LS151 的真值表如下：

C	B	A	$\overline{CE}$	Z
0	0	0	0	x0
0	0	1	0	x1
0	1	0	0	x2
0	1	1	0	x3
1	0	0	0	x4
1	0	1	0	x5
1	1	0	0	x6
1	1	1	0	x7
Φ	Φ	Φ	1	0

其中，A、B、C 的信号由光端 FPGA 给出，波形如图 5-9 所示。

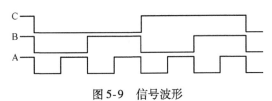

图 5-9　信号波形

$\overline{CE4}$、$\overline{CE3}$、$\overline{CE2}$、$\overline{CE1}$ 始终为"0"，保持四片 74151 始终用信号输出。

（2）复接器。复接器是由 FPGA 实现的，其框图如下：

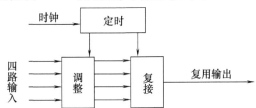

其中，在固定速率时分复用时，先要对四路输入信号进行时隙的调整，调整前后波形如图 5-10 所示。

最后，将四路数据相与就得到复接信号了。

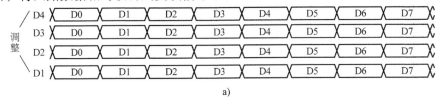

a)

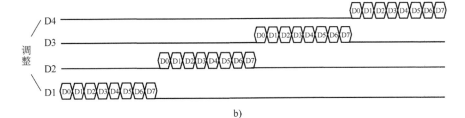

b)

图 5-10　调整前后波形

四路数据输出的帧结构如下：

←帧同步码→	←— 数据一 —→	←— 数据二 —→	←— 数据三 —→
0 1 1 0 0 1 0	××××××××	××××××××	××××××××

其中，帧同步码可以是数字信号源四路输出中的任意一路。改变帧同步码的位置，数字信号源终端的显示位置也将改变。

解固定速率时分复用部分包括分解器、数字锁相环和帧同步码提取三个部分，其框图如 5-11 所示。

因为一路数字信号源用作帧同步码，因此只显示了三路数据。下面介绍帧同步码。

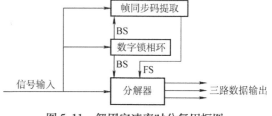

图 5-11　解固定速率时分复用框图

目前已经找到的最常用的群同步码字，就是"巴克码"。巴克码是一种具有特殊规律的二进制码字，它的特殊规律是：若一个 n 位的巴克码 $\{x_1, x_2, x_3, \cdots, x_n\}$，每个码元 x_i 只可能取值 $+1$ 或 -1，则它必然满足条件

$$R(j) = \sum_{i=1}^{n-j} x_i x_{i+j} = \begin{cases} n & j = 0 \\ 0, +1, -1 & 0 < j < n \end{cases} \tag{5-1}$$

式中，$R(j)$ 称为局部自相关函数。

从巴克码计算的局部自相关函数可以看到，它满足作为群同步码字的第一条特性，也就是说巴克码的局部自相关函数具有尖锐单峰特性，从后面的分析同样可以看出，它的识别器结构非常简单。目前人们已找到了多个巴克码字，具体情况如表 5-2 所示，其中 + 表示 $+1$，— 表示 -1。

表 5-2　巴克码码字表

位数 n	巴克码字
2	+ + ; - +
3	+ + -
4	+ + + - ; + + - +
5	+ + + - +
7	+ + + - - + -
11	+ + + - - - + - - + -
13	+ + + + + - - + + - + - +

以 $n = 7$ 的巴克码为例，它的局部自相关函数计算结果如下：

当 $j = 0$ 时，

$$R(0) = \sum_{i=1}^{7} x_i^2 = 1 + 1 + 1 + 1 + 1 + 1 + 1 = 7$$

当 $j = 1$ 时，

$$R(1) = \sum_{i=1}^{6} x_i x_{i+1} = 1 + 1 - 1 + 1 - 1 - 1 = 0$$

当 $j = 2$ 时，

$$R(2) = \sum_{i=1}^{5} x_i x_{i+2} = 1 - 1 - 1 - 1 + 1 = -1$$

同样可以求出 $j = 3，4，5，6，7$ 以及 $j = -1，-2，-3，-4，-5，-6，-7$ 时 $R(j)$ 的值为

$$R(j) = \begin{cases} 7 & j=0 \\ 0 & j=\pm 1，\pm 3，\pm 7 \\ -1 & j=\pm 2，\pm 4，\pm 6 \end{cases}$$

根据上式计算出来的这些值，可以做出 7 位巴克码关于 $R(j)$ 与 j 的关系曲线，如图5-12 所示。可以看出，自相关函数在 $j=0$ 时具有尖锐的单峰特性。局部自相关函数具有尖锐的单峰特性正是连贯式插入群同步码字的主要要求之一。

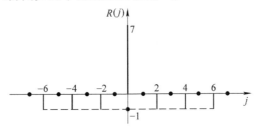

图 5-12　7 位巴克码的自相关函数

帧同步码识别后的波形如图 5-13 所示。

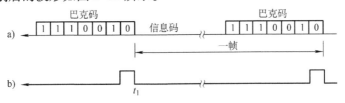

图 5-13　帧同步码识别后的波形

分解器主要由移位寄存器构成，框图如图 5-14 所示。

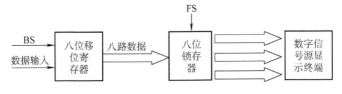

图 5-14　分解器框图

7. 4 路数据电话光纤综合传输系统（选做）

本实验是综合了固定速率时分复用、解固定速率时分复用、PCM 编译码实验、波分复用三个实验。实验框图如图 5-15 所示。

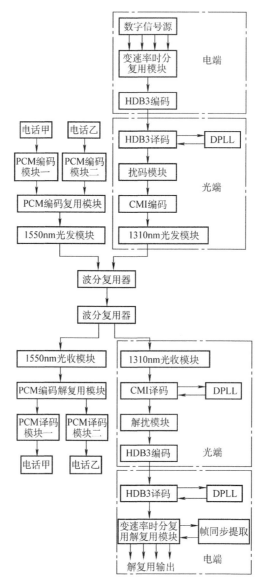

图 5-15 实验框图

【实验仪器】

LTE – GX – 02E 型光纤通信实验系统 1 台、示波器 1 台、光纤跳线 2 根、电话 2 部、监视器 1 台、摄像头 1 台。

【实验内容】

1. 模拟信号光纤传输实验

（1）关闭系统电源，用光纤跳线连接 1310nm 光发模块和 1310nm 光收模块。

（2）将模拟信号源模块的正弦波（P410）连接到 1310nm 光发模块的 P104。

（3）把 1310nm 光发模块的 J101 设置为"模拟"。

（4）将模拟信号源模块的开关 J400 的调到 1kHz 端。

（5）将 1310nm 光收模块的 RP106 顺时针旋到最大，RP107 逆时针旋到最大。

（6）打开系统电源，用示波器观测模拟信号源模块的 TP402，调节模拟信号源模块的 RP400，使信号的峰-峰值为 2V。

（7）用示波器观测模拟信号源的 TP402 和 1310nm 光收的 TP108，调节 1310nm 光发的 RP104 使 TP108 的波形和 TP402 的相同，且幅值最大。此时，1310nm 光收发模块无失真地传输模拟信号。

（8）以上各部分同样适用于 1550nm 光发模块各相应端口。

（9）关闭系统电源，拆除实验导线。将各实验仪器摆放整齐。

2. 电话语音光纤传输实验

（1）关闭系统电源。

（2）参照实验内容 1 的步骤，将 1310nm 光收发模块和 1550nm 光收发模块调为无失真传输状态（此步骤非常关键，必须调节）。然后，关闭系统电源，保留光纤跳线连接，拆除其他连线。

（3）信号连接导线的连接方式见表 5-3。

表 5-3　导线的连接方式

电话甲（模拟信号输出）	P514—P104	1310nm 光发模块（模拟光发信号输入）
1310nm 光收模块（模拟信号输出）	P105—P517	电话乙（模拟信号输入）
电话乙（模拟信号输出）	P516—P204	1550nm 光发模块（模拟光发信号输入）
1550nm 光收模块（模拟信号输出）	P205—P515	电话甲（模拟信号输入）

（4）打开系统电源，摘起两部电话（如果听到忙音，请将两部电话挂好后重新摘起），测试两部电话的通话情况。

（5）关闭系统电源，拆除实验导线。将各实验仪器摆放整齐。

3. 图像光纤传输实验

（1）关闭系统电源。

（2）参照实验内容 1 的步骤，将 1310nm 光收发模块调为无失真传输状态（此步骤非常关键，必须调节）。然后，关闭系统电源，保留光纤跳线连接，拆除其他连线。

（3）先用视频连接线连接摄像头和 1310nm 光发模块的 P104，再用视频连接线连接 1310nm 模拟输出和监视器。（摄像头有 3 个接口，其中红色的接口是电源线，黄色的接口是视频线，白色的接口是音频线，本实验主要使用红色的接口和白色的接口。）

（4）打开系统电源，可以观察到监视器上会显示摄像头传输的视频信号。（注意：监视器背后有一按键，应将其设置为 AV 模式。如果图像比较模糊，调节摄像头的焦距即可得到清晰的图像。）

（5）调节 1310nm 光收模块的 RP106、RP108，观察图像有何变化。

（6）以上各部分同样适用于 1550nm 光发模块各相应端口。

（7）关闭系统电源，拆除实验导线。将各实验仪器摆放整齐。

4. 固定速率时分复用和解固定速率时分复用原理及实现实验

（1）关闭系统电源。

（2）按表 5-4 所示方式用信号连接导线连接。

表 5-4　导线连接方式

数字信号源模块(数字信号源一)	P300—P741	固定速率时分复用模块(复用输入信号一)
数字信号源模块(数字信号源二)	P301—P740	固定速率时分复用模块(复用输入信号二)
数字信号源模块(数字信号源三)	P302—P739	固定速率时分复用模块(复用输入信号三)
数字信号源模块(数字信号源四)	P303—P738	固定速率时分复用模块(复用输入信号四)
固定速率时分复用模块(复用输出)	P742—P100	1310nm 光发模块(数字光发输入端)
1310nm 光收模块(数字光发信号输出端)	P106—P745	数字信号源终端(解复用信号输入端)
	P106—P744	数字信号源终端(数字锁相环信号输入端)

（3）打开系统电源。将 U300 拨为"11001101"，U301 拨为"00000000"，U302 拨为"00000000"，U303 拨为"00000000"。

（4）用示波器观测 P300 和 P742。对比变速率时分复用前后波形变化。

（5）关闭电源，将 1310nm 光发模块的 J100 第一位拨为"ON"，第二位拨为"OFF"，RP100 逆时针旋到最大，J101 设置为"数字"。

（6）用光纤跳线连接 1310nm 光发模块和 1310nm 光收模块。

（7）打开系统电源。用示波器观测 1310nm 光发模块的 TP103 和 1310nm 光收模块的 TP109。将 1310nm 光收模块的 RP106 顺时针旋到底，RP108 逆时针旋到底，最后，调节 RP107 使 TP103 和 TP109 的波形相同。

（8）将数字信号源第一路的拨码开关 U300 拨为帧同步码（01110010，拨码开关 ON 为"0"，OFF 为"1"），分别改变其他三路的拨码开关，观察数字信号源终端的发光二极管的值及输出数字信号变化。

（9）分别改变帧同步码的位置，再观察数字信号源终端的发光二极管的值，并记录。

（10）以上各部分同样适用于 1550nm 光发模块各相应端口。

（11）关闭系统电源，拆除实验导线。将各实验仪器摆放整齐。

5. 4 路数据电话光纤综合传输系统（选做）

【注意事项】

1. 在实验过程中切勿将光纤端面对着人，切勿带电进行光纤的连接。
2. 爱护仪器，保证线路连接正确。
3. 勿折光纤。

【思考题】

1. 叙述热线电话的通话流程。
2. 描述图像信号光纤传输的原理。
3. 固定速率复用是按位复接还是按字复接?

实验六　音频信息的光纤通信

在互联网时代，人们对通信的带宽、速度的要求不断提高。光纤通信具有宽频带、高速、不受电磁干扰影响等一系列优点，正在得到迅速发展。通过本实验可以了解并熟悉信号光纤传输的基本原理。

【实验目的】

1. 学习信号光纤传输系统的基本结构及各部件选配原则。
2. 熟悉光纤传输系统中电光/光电转换器件的基本性能。
3. 了解如何在光纤传输系统中获得较好信号传输质量。

【实验原理】

光纤传输系统如图 6-1 所示，一般由三部分组成：光信号发送端、用于传送光信号的光纤、光信号接收端。光信号发送端的功能是将待传输的电信号经电光转换器件转换为光信号。目前，发送端电光转换器件一般采用发光二极管或激光二极管。发光二极管的输出光功率较小，信号调制速率相对低，但价格便宜，其输出光功率与驱动电流在一定范围内基本上呈线性关系，比较适宜于短距离、低速、模拟信号的传输；激光二极管输出功率大，信号调制速率高，但价格较高，适宜远距离、高速、数字信号的传输。光纤的功能是将发送端光信号以尽可能小的衰减和失真传送到光信号接收端，目前光纤一般采用在近红外波段（$0.84\mu m$、$1.31\mu m$、$1.55\mu m$）有良好透过率的多模或单模石英光纤。光信号接收端的功能是将光信号经光电转换器件还原为相应的电信号，光电转换器件一般采用半导体光电二极管或雪崩光电二极管。（光纤传输系统光源的发光波长必须与传输光纤呈现低损耗窗口的波段及光电检测器件的峰值响应波段匹配。本实验发送端电光转换器件采用中心发光波长为 $0.84\mu m$ 的高亮度近红外半导体发光二极管，传输光纤采用多模石英光纤，接收端光电转换器件采用峰值响应波长为 $0.8 \sim 0.9\mu m$ 的硅光电二极管。）下面对各部分工作原理做进一步介绍。

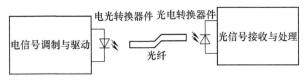

图 6-1　光纤传输系统

1. 光信号发送端的工作原理

系统采用的发光二极管的驱动和调制电路如图 6-2 所示，信号调制采用光强度调制的方法。发送光强度调节电位器用于调节流过 LED 的静态驱动电流，从而改变相应发光二极管的发射光功率。

设定的静态驱动电流调节范围为 $0 \sim 20mA$，对应面板光发送强度驱动显示值 $0 \sim 2000$ 单位。当驱动电流较小时，发光二极管的发射光功率与驱动电流基本上呈线性关系。音频信号经电容、电阻网络及运放跟随隔离后耦合到另一运放的负输入端，与发光二极管的静态驱动电流相叠加，使发光二极管发送随音频信号变化的光信号（见图 6-3），并经光纤耦合器将这一光信号耦合到传输光纤。可传输信号频率的低端由电容、电阻网络决定，系统低频响应不大于 20Hz。

2. 光信号接收端的工作原理

图 6-4 是光信号接收端的工作原理图，传输光纤把从发送端发出的光信号通过光纤耦合器将光信号耦合到光电二极管，它可以把光信号转变为与之成正比的电流信号。光电二极管使用时应反偏压，经运放的电流电压转换把光电流信号转换为与之成正比的电压信号。光电二极管的频响一般较高，系统的高频响应主要取决于运放等的响应频率。

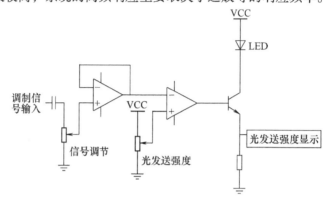

图 6-2　发光二极管驱动和调制电路

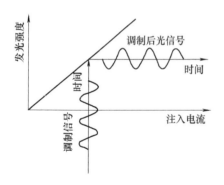

图 6-3　发光二极管的正弦
信号调制原理

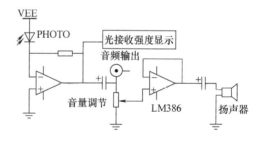

图 6-4　光信号接收端
的工作原理图

3. 传输光纤的工作原理

目前用于光通信的光纤一般采用石英光纤，它是在折射率 n_2 较大的纤芯内部，覆上一层折射率 n_1 较小的包层，光在纤芯与包层的界面上发生全发射而被限制在纤芯内传播，如图 6-5 所示。光纤实际上是一种介质波导，光被闭锁在光纤内，只能沿光纤传输，光纤的芯径一般从几微米至几百微米。按照传输光模式可分为多模光纤和单模光纤，按照光纤折射率分布方式不同可以分为折射率阶跃型光纤和折射率渐变型光纤。折射率阶跃型光纤包含两种圆对称的同轴介质，两者都质地均匀，但折射率不同，外层折射率低于内层折射率。折射率渐变型光纤是一种折射率沿光纤横截面渐变的光纤，这样改变折射率的目的是使各种模传播的群速相近，从而减小模色散，增加通信带宽。多模折射率阶跃型光纤由于各模传输的群速度不同而产生模间色散，传输的带宽受到限制。多模折射率渐变型光纤由于其折射率特殊分布使各模传输的群速度一样而增加信号传输的带宽。单模光纤是只传输单种光模式的光纤，单模光纤可传输的信号带宽最高，目前长距离光通信大都采用单模光纤。石英光纤的主要技术指标有衰减特性、数值孔经和色散等。

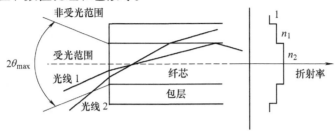

图 6-5　传输光纤的工作原理

数值孔径：数值孔径描述光纤与光源、探测器和其他光学器件耦合时的特性。它的大小反映光纤收集光的能力，如图 6-5 所示，立体角在 $2\theta_{max}$ 范围内入射到光纤端面的光线在光纤内产生全反射而得以传输，在 $2\theta_{max}$ 范围外入射到光纤的光线则透射到包层而马上被衰减掉。光纤的数值孔经定义为：$NA = \sin 2\theta_{max}$，它的值一般在 0.1 到 0.6 之间，对应的 θ_{max} 为 $9° \sim 33°$。多模光纤的数值孔径较大，单模光纤的数值孔径相对较小，所以一般单模光纤需用 LD 半导体激光器作为其光源。

光纤的损耗：光纤的损耗主要包括由于材料吸收引起的吸收损耗、纤芯折射率不均匀引起的散射（瑞利散射）损耗、纤芯和包层之间界面不规则引起的界面损耗、光纤弯曲造成的损耗、纤维间对接（永久性的拼接和用连接器相连）的损耗，以及输入与输出端的耦合损耗等。石英光纤在近红外波段 $0.84\mu m$、$1.31\mu m$、$1.55\mu m$ 有较好透过率，因此传输系统光源的发射光波长必须与其符合。目前长距离光通信系统多采用 $1.31\mu m$ 或 $1.55\mu m$ 单模光纤。（单模光纤传输损耗在 $1.31\mu m$ 和 $1.55\mu m$ 分别为 $0.35dB/km$ 和 $0.2dB/km$）。

光纤的色散直接影响可传输信号的带宽。色散主要由三部分组成：折射率色散、模色散、结构色散。折射率色散是由光纤材料的折射率随光波长变化不同而引起。采用单波长、窄谱线的半导体激光器可以使折射率色散减至最小。采用单模光纤可以使模色散减至最小。结构色散由光纤材料的传播常数及光频产生非线性关系所造成。目前单模光纤的传输带宽可达数 GHz/s。

【实验仪器】

TKGT-1 型音频信号光纤传输实验仪、信号发生器、双踪示波器。

【实验内容】

1. 光纤传输系统静态电光/光电传输特性测定

分别打开光发送端电源和光接收端电源，面板上两个数字表头（三位半）分别显示发送光驱动强度和接收光强度。调节发送光强度电位器，每隔 200 单位（相当于改变发光管驱动电流 2mA）分别记录发送光驱动强度数据与接收光强度数据，在方格纸上绘制静态电光/光电传输特性曲线。

2. 光纤传输系统频响的测定

将输入选择开关打向外，在音频输入接口上从信号发生器输入正弦波，将双踪示波器的通道 1 和通道 2 分别接到输入正弦信号和发送端音频信号输出端，保持输入信号的幅度不变，调节信号发生器频率，记录信号变化时输出端信号幅度的变化，分别测定系统的低频和高频截止频率。

3. LED 偏置电流与无失真最大信号调制幅度关系测定

设定从信号发生器输入的正弦波频率为 1kHz，输入信号幅度调节电位器置于最大位置，然后在 LED 偏置电流为 5mA、10mA 两种情况下，调节信号源输出幅度，使其从零开始增加，同时在接收端信号输出处观察波形变化，直到波形出现截止现象时，记录下电压波形的峰-峰值，由此确定 LED 在不同偏置电流下光功率的最大调制幅度。

4. 多种波形光纤传输实验

分别将方波信号和三角波信号输入音频接口，改变输入频率，从接收端观察输出波形变化情况。在数字光纤传输系统中往往采用方波来传输数字信号。

5. 音频信号光纤传输实验

将输入选择打向内，调节发送光强度电位器，改变发送端 LED 的静态偏置电流，按下内音频信号触发按钮，观察在接收端听到的语音片，音乐声，考察当 LED 的静态偏置电流小于多少时，音频传输信号才会产生明显的失真，分析原因，并同时在示波器中分析观察语音信号波形变化情况。

【注意事项】

光纤在使用时不要弯折。

【思考题】

1. 试说明如何根据示波器电压波形的峰-峰值来确定 LED 在不同偏置电流下光功率的最大调制幅度。

2. 结合实验内容，分析在数字光纤传输系统中为什么往往采用方波来传输数字信号。

【附录】

TKGT-1 型音频信号光纤传输实验仪使用说明

TKGT-1 型音频信号光纤传输实验仪由光信号的调制和发送、传送光信号的光纤、光纤耦合器、光信号的检测与解调四部分组成。

1. 光信号的调制和发送

系统采用的发光二极管的驱动和调制电路如附图 6-1 所示。信号调制采用光强度调制的方法，发送光强度调节电位器用以调节流过 LED 的静态驱动电流，相应改变发光二极管的发射光功率，设定的静态驱动电流调节范围为 0～20mA，对应面板光发送强度驱动显示值 0～2000 单位，当驱动电流较小时发光二极管的发射光功率与驱动电流基本上呈线性关系，音频信号经电容、电阻网络及运放跟随隔离后耦合到另一运放的负输入端，与发光二极管的静态驱动电流相叠加使发光二极管发送随音频信号变化的光信号，并经光纤耦合器将这一光信号耦合到传输光纤。可传输信号频率的低端由电容、电阻网络决定，系统低频响应不大于 20Hz。

音频接口：用于连接外加的音频信号。

示波器接口：用于连接外加的正弦波、方波、三角波。

输入选择：打向"外"选择外接语音信号，打向"内"选择内置语音片产生的语音信号。

内音频触发：按下按钮，起动内置语音片信号产生器，此时当输入选择开关打向"内"时，语音信号

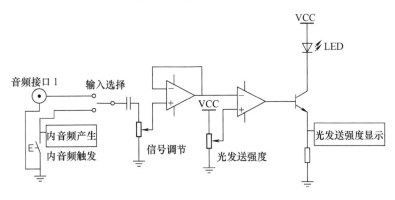

附图　6-1

叠加到静态的 LED 驱动电流上。

音频幅度：用于调节语音信号的强度。

光发送强度：用于调节 LED 静态驱动电流，调节范围为 0 ~ 20mA，对应光发送强度显示为 0 ~ 2000 单位。

2. 传送光信号的光纤

传送光纤采用优质石英光纤，它是本实验仪器的关键器件，为了使学生们对光通信各部分有较直观的理解，仪器将光纤及光耦合器外置，请务必要小心，不能将光纤取下或随意弯曲，以免光纤折断。

3. 光纤耦合器

光纤耦合器将 LED 发射的光信号耦合到石英光纤和将经光纤传输的光信号耦合到光电检测器件光电二极管。

4. 光信号的检测与解调

附图 6-2 是光信号接收端的工作原理图。传输光纤把从发送端发出的光信号通过光纤耦合器将光信号耦合到光电二极管，光电二极管把光信号转变为与之成正比的电流信号。光电二极管使用时应反偏压，经运放的电流电压转换把光电流信号转换成与之成正比的电压信号，电压信号中包含的音频信号经电容电阻耦合到音频功率放大器驱动扬声器发声。光电二极管的频响一般较高，系统的高频响应主要取决于运放等的响应频率。

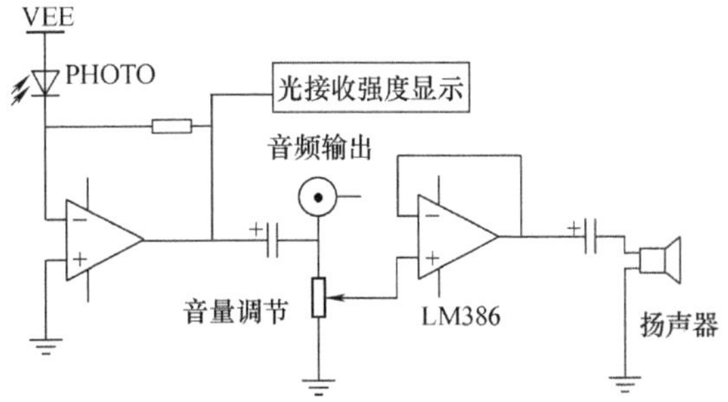

音频输出：连接示波器观察输出解调的音频信号及各种输出波形。

音量调节：调节扬声器的音量。

附图　6-2

光接收强度显示：显示静态光接收强度，面板显示 0 ~ 2000 单位对应静态电压 0 ~ 20mV。当有音频信号调制时，显示的是平均值，平均值会变动。当发送光强度为零时，面板上显示的数值是光电二极管的暗电流产生的电压输出。

第二章　近代物理实验项目

实验七　微波电子顺磁共振实验

磁共振是指包含磁矩的粒子系统的物质，在恒定磁场作用下对电磁辐射能的共振吸收（或激发）现象。如果磁共振是由物质原子中的电子自旋磁矩提供的，则称之为电子自旋共振（Electron Spin Resonance，ESR），严格说来，也需计入电子轨道磁矩的贡献，为此称电子顺磁共振（Electron Paramagnetic Resonance，EPR）更为适宜；如果磁共振是由物质原子中的核自旋磁矩提供的，则称之为核磁共振（Nuclear Magnetic Resonance，NMR）。EPR 谱仪通常工作在微波波段，而 NMR 谱仪工作在射频波段，因此两者在仪器结构上是有所差别的。电子顺磁共振是探测未偶电子（如自由基、内电子壳层未被填满的离子、固体缺陷中的色心等）物质微观结构的先进技术。通过对这些物质的 EPR 谱的研究（测量 g 因子、线宽、弛豫时间、超精细结构参数等）可以了解有关原子、分子及离子中未偶电子状态及周围环境方面的信息，从而获得有关物质微观结构的知识，因此 EPR 现已广泛应用于物理、化学、医学、生物、考古、石油、地质，以及煤炭等领域的科研、教学及一般的检测分析。

1945 年，苏联学者柴伏依斯基首先提出检测 EPR 信号的实验方法。半个多世纪来，随着应用科学发展的需要，以及计算机、电子固体器件等电子技术的新进展，EPR 技术有了重大的突破。本实验所用的微波边振自检 MSD（Microwave Margin Self-Detecting）－ Ⅱ 型 EPR 谱仪采用微波边振自检这一新的工作机制即采用固体微波源，兼作检波器（自检），并将源、样品、检波置于同一腔中，构成"三位一体"的独特结构（改变 EPR 谱仪中源、样品、检波三分离的传统工作机制），使源的频率自动锁在样品腔上，保证 EPR 谱线为纯吸收谱线，省去 AFC（自动频率控制）等电子线路及多种波导器件。固态微波源工作在边限振荡状态，且自检波（不需要加工高 Q 腔，避免匹配耦合调试的困难）提高了灵敏度和信噪比；同时采用高灵敏度大型谱仪中的小调场技术的相敏检测和计算机控制、采集、累加、处理数据等技术进一步提高灵敏度、信噪比和分辨率，能检测多种样品的多种性能。

【实验目的】

1. 熟悉电子自旋顺磁共振谱仪的使用方法。

2. 了解顺磁共振知识，熟悉微波边振自检 EPR 技术及调试。

3. 仪器面板的设计与大型谱仪相对应，通过测量调试熟悉大型谱仪相关接收技术；观察过渡金属离子化合物 $CuSO_4 \cdot 5H_2O$ 单晶体中的 Cu^{2+} 离子的超精细结构的 EPR 谱线及晶场各向异性的影响。

4. 学会对过渡金属离子 Cu^{2+}、Mn^{2+} 的 g 因子、线宽及弛豫时间 T_2 的测量。

【实验原理】

EPR 理论的严格论述必须用量子力学，但可以从比较容易接受的经典物理模型出发进行描述，最后引用量子力学的结论。

1. EPR 的经典物理矢量模型——拉摩尔进动

将任何一个电子自旋不为零且具有角动量 p 和磁矩 μ 的粒子置于恒定外磁场中，它将受到一个力矩 L 的作用：

$$L = \mu \times B = \frac{\mathrm{d}p}{\mathrm{d}t} \tag{7-1}$$

此力矩迫使角动量 p 发生改变。考虑到 $\mu = -\gamma p$，故磁矩在磁场 B 中的运动方程为

$$\frac{\mathrm{d}\mu}{\mathrm{d}t} = -\mu \times \gamma B \tag{7-2}$$

其中，γ 为旋磁比 $\left(\gamma = \dfrac{ge}{2mc}\right)$。式（7-2）表示 μ 绕 B 做拉摩尔进动（见图 7-1a），进动角频率 ω_0 为

$$\omega_0 = \gamma B \tag{7-3}$$

μ 在磁场 B 中的能量为

$$E = -\mu \cdot B = -\mu \cdot B\cos\theta \tag{7-4}$$

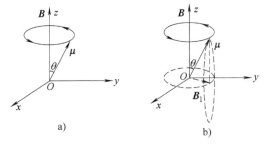

θ 为 μ 与 B 之间的夹角。如果在垂直于 B 的平面（即 xOy 平面）内加进一个旋转磁场 B_1，且 B_1 的转动方向与 μ 的拉摩尔进动方向相同，那么当 B_1 的转动频率 ω 与 ω_0 相等时，μ 与 B_1 保持相对静止，于是粒子也将受一力矩 $-\mu \times B_1$ 作用绕 B_1 做进动，结果使 μ 与 B

图 7-1　电子自旋磁矩进动矢量图像

之间的夹角 θ 增大（见图 7-1b），说明粒子吸收了 B_1 的能量，它在磁场中的势能增加，这就发生了电子顺磁共振（EPR）现象，其共振条件为

$$\omega = \omega_0 = \gamma B \tag{7-5}$$

2. EPR 的量子力学的描述

按照量子理论，电子自旋的角动量矩 P 是以 $\hbar = h/(2\pi)$ 为最小单位的（普朗克常量 $h = 6.626 \times 10^{-34}\,\mathrm{J \cdot s}$），即

$$|P| = \sqrt{S(S+1)}\,\hbar \tag{7-6}$$

式中，$\hbar$ 为普朗克常量除以 2π，称约化普朗克常量；$S = 1/2$，是电子自旋量子数。电子自旋磁矩 μ 与 P 之间关系为 $\mu = -\gamma P$，其中 γ 为电子自旋进动的旋磁比：

$$\gamma = \frac{ge}{2mc} \tag{7-7}$$

式中，m 是电子质量；c 是光速；g 称为 Lande 因子，简称 g 因子。

$$\mu = \frac{ge}{2mc}\sqrt{S(S+1)}\,\hbar = g\sqrt{S(S+1)}\,\frac{e\hbar}{2mc} = g\mu_\mathrm{B}\sqrt{S(S+1)} \tag{7-8}$$

$$\mu_z = g\mu_\mathrm{B} m_s \tag{7-9}$$

式中，μ_B 为玻尔磁子，$\mu_\mathrm{B} = e\hbar/(2m_e) = 9.274 \times 10^{-24}\,\mathrm{J \cdot T^{-1}}$；$m_s$ 称为自旋磁量子数，且 m_s 取 $(2S+1)$ 个值。

现在考虑电子在两个位置上的磁势能，令 E 代表磁势能：

$$E = -\boldsymbol{\mu} \cdot \boldsymbol{B} \tag{7-10}$$

故位置 1 的势能 E_1 较高，位置 2 的势能 E_2 较低（见图 7-2）：

$$E_1 = -\mu_{z_1}B = -\left(-\frac{1}{2}g\mu_B\right) = \frac{1}{2}g\mu_B B \tag{7-11}$$

$$E_2 = \mu_{z_2}B = -\frac{1}{2}g\mu_B = -\frac{1}{2}g\mu_B B$$

故

$$\Delta E = E_1 - E_2 = g\mu_B B \tag{7-12}$$

由此可见，自由电子在静磁场 $\boldsymbol{B}$ 中，由于 $\boldsymbol{B}$ 的作用使单个能级劈裂成两个塞曼（Zeeman）能级，两个塞曼能级的差是 $g\mu_B B$。假设电子起初处在低能态 E_2，我们向电子自旋投射一束微波，它的磁场极化方向与 $\boldsymbol{B}$ 垂直，频率为 $\nu = \frac{1}{h}\mu_B g B$。也就是微波能量子 $h\nu$ 恰等于相邻两个塞曼能级的差（即 $g\mu_B B$）时，电子自旋将吸收能量从低能态跃迁到高能态，产生电子顺磁共振现象，共振条件为

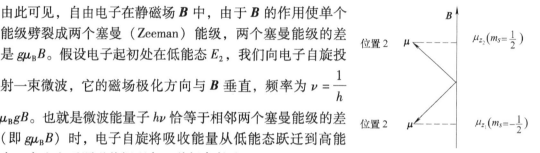

图 7-2　电子自旋的两个取向

$$h\nu = g\mu_B B \tag{7-13}$$

将 $\mu_B = e\hbar/(2m_e)$ 及 $\omega = 2\pi\nu$ 代入上式并整理，可得 $\omega = \gamma B$。这与由经典矢量模型出发得出的结果一致。由式（7-13）可知，满足共振条件有两种办法：①固定 ν 改变 B，这种方法称为扫场法；②固定 B 改变 ν，这种方法称为扫频法。

3. 弛豫过程、线宽

共振吸收的另一个必要条件是在平衡态下，低能态 E_1 的粒子数 N_1 比高能态 E_2 的粒子数 N_2 多，这样才能显示出宏观（总体）共振吸收。即由低能态向高能态跃迁的粒子数目比由高能态跃迁向低能态的数目多，这个条件是满足的，因为平衡时粒子数分布服从玻耳兹曼分布：

$$\frac{N_1}{N_2} = \exp\left(-\frac{E_2 - E_1}{kT}\right) \tag{7-14}$$

假定 $E_1 > E_2$，显然 $N_1 < N_2$，吸收跃进（$E_2 \rightarrow E_1$）占优势，然而随时间推移及 $E_2 \rightarrow E_1$ 过程的充分进行，势必使 N_2 与 N_1 之差趋于减少，甚至可能反转，于是吸收效应会减少甚至停止。但实际并非如此，因为在包含大量原子或离子的顺磁体系中，自旋磁矩之间随时都在相互作用而交换能量，同时自旋磁矩又与其周围的其他质点（晶格）相互作用而交换能量，这使处在高能态的电子自旋有机会把它的能量传递出去而回到低能态，这个过程称为弛豫过程，正是弛豫作用的存在才维持着连续不断的磁共振吸收效应。弛豫过程导致粒子处在每个能级上的寿命 δ_T 缩短，而量子力学中的"测不准关系"指出

$$\delta_T \times \delta_E = 常数 \tag{7-15}$$

亦即 δ_T 的减小会导致 δ_E 的增加，δ_E 代表该能级的宽度，即这个能量的测不准范围，如图 7-3 中能级的阴影宽度所示。这样对于确定的微波频率能够引起共振吸收的磁场强度 B 的数值便允许有一个范围 ΔB，即共振吸收线有一定的宽度，又称谱线半高宽度，简称线宽（见图

7-3）。弛豫过程越快，ΔB 越宽，因此线宽可以作为弛豫强弱的度量。现在定义一个物理量——弛豫时间 T，即令

$$\Delta B = \frac{h}{g\mu_B}\left(\frac{1}{T}\right) \tag{7-16}$$

式中，ΔB 是实际观察到的谱线宽度。理论证明

$$\frac{1}{T} = \frac{1}{2T_1} + \frac{1}{T_2} \tag{7-17}$$

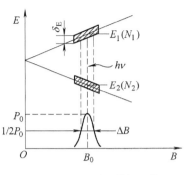

图 7-3　电子顺磁共振吸收

式中，T_1 称"自旋-晶格弛豫时间"；T_2 称"自旋-自旋弛豫时间"。对于洛伦兹（Lorentz）线型有

$$T_2 = \frac{2}{\gamma\Delta B} \tag{7-18}$$

4. g 因子

在式（7-7）的电子自旋磁矩和自旋角动量关系中已经引入了 g 因子，但那时是对自由电子而言的，其值为 $g_e = 2.0023$（只有自旋角动量，轨道角动量完全淬灭了）。g 因子是电子所固有的一个重要物理参数，它表示 EPR 谱的中心位置。它取决于未偶电子所在的分子结构及自旋-轨道相互作用的大小。因此 g 因子在本质上反映了局部磁场的特征，这样它就成为能提供分子结构信息的一个重要参数。受原子核吸引而在原子的某一轨道上运动的电子，由于其存在自旋-轨道耦合作用，它的 g 因子由

$$g = 1 + \frac{J(J+1) + S(S+1) - L(L+1)}{2J(J+1)} \tag{7-19}$$

来决定，其中 J、L、S 分别为总角动量量子数、轨道角动量量子数、自旋角动量量子数。但是在晶体中的电子受晶格场的作用，这种晶格场破坏了电子自旋-轨道耦合，使 g 值表现出各向异性张度形式，理论计算相当复杂甚至不可能，这时只能用实验方法测定 g 因子。自由基的 g 值都十分接近 g_e，其原因是它的自旋贡献占 99% 以上。多数过渡金属离子及其化合物的 g 值远远偏离 g_e 值，原因是它的轨道贡献很大，并受四周晶体场影响。值得注意，若 d 壳层小于半充满，则 $g < g_e$；若 d 壳层大于半充满，则 $g > g_e$；而当它正好等于半充满时，$g \approx g_e$。其原因在此不叙述。

$CuSO_4$ 离子属于过渡金属离子化合物，是顺磁性的。下面我们较详细地分析一下 Cu^{2+} 离子的能级结构。因为 Cu 有一个电子处在 $4S$ 态，所以 Cu^{2+} 离子在 $3d$ 壳层有一个空穴，即有一个未配对的电子。自由离子 Cu^{2+} 的基态为 $^2D_{5/2}$（$l=2$，$s=1/2$），其能级是具有十重简并度的。5 重轨道简并度，即 $(2l+1)$ 个能级分别对应于 $m_l = -2，-1，0，1，2$。而其中的每一个能级又具有 2 重自旋简并度，即 2 个子能级对应于 $m_s = 1/2$ 和 $m_s = -1/2$。对于 $CuSO_4 \cdot 5H_2O$ 的单晶体，因为晶体内部的电场（即晶场）的作用要淬灭轨道角动量，并且晶场与 m_l 态的作用各不相同，所以在晶场中 Cu^{2+} 的 5 重轨道简并度的能态部分被解除，如图 7-4 所示。在立方场中基态分裂成 2 个能级，而在四方畸变场中，基态分裂成 4 个能级。由于自旋-轨道耦合相互作用最终解除了剩余能级 E_4 和 E_5 的简并。从 E_1 到 E_5 的每个能级

都包含 2 个子能级，对应 $m_s = \pm 1/2$。然而，E_1 到 E_5 能级彼此间隔是很大的，具有 $10^4 \mathrm{cm}^{-1}$ 量级，所以即使在室温下，所有离子都处于 $m_l = 0$ 态，也可视为 $l=0$、$s=1/2$ 的 $^2S_{1/2}$ 组态，因此它的 g 因子非常接近 g_e 值（轨道角动量淬灭）。

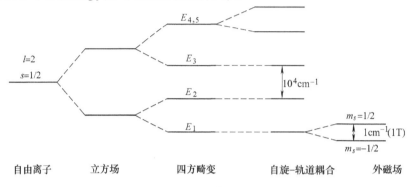

图 7-4　在晶场中 Cu^{2+} 离子的能级图

当加上一个外磁场后，$m_l = 0$ 的能级将劈裂为两个子能级，即 $m_s = \pm 1/2$。然而，由于电子（空穴）还要和离子的其他能级耦合（自旋-轨道耦合）而会掺入一些轨道角动量成分，致使处在晶场中的离子的 g 值要偏离 g_e。事实上，其他能级的掺入往往并不是各向同性的，而是各向异性的，其大小取决于外加磁场与晶轴的取向，理论估算为

$$g_{/\!/} = 2\left(1 - \frac{4\lambda}{E_3 - E_1}\right) \tag{7-20}$$

$$g_{\perp} = 2\left(1 - \frac{\lambda}{E_{4,5} - E_1}\right) \tag{7-21}$$

$$g = \sqrt{g_{/\!/}^2 \sin^2\theta + g_{\perp}^2 \cos^2\theta} \tag{7-22}$$

上面三式中，$g_{/\!/}$ 和 $g_{\perp}$ 分别表示样品主晶轴与外加恒磁场平行和垂直时的 g 值；θ 角是主晶轴相对于外加恒磁场的取向角；λ 为自旋-轨道的耦合常数，对 Cu^{2+} 离子，$\lambda = -825 \mathrm{cm}^{-1}$。

再来看看 $MnCl_2 \cdot 4H_2O$ 的情形。Mn 在 $3d$ 壳层有 5 个电子，在 $4s$ 壳层有 2 个电子，这样这个 Mn^{2+} 离子在 $3d$ 壳层恰好有 5 个电子（半充满）。因为它的总轨道角动量 $L=0$，总自旋角动量 $S=5/2$，则它的基态为 $^6S_{5/2}$，在外恒磁场中，它将劈裂成 6 个等间距的能级，它的 g 因子非常接近 g_e 值。这样，在任何相邻的能级之间的共振都会出现在相同的频率上，所以我们在示波器上只能看到一条 EPR 谱线。但对于方解石（$CaCO_4$）中的 Mn^{2+} 离子，由于受晶场、电子自旋及核磁矩之间相互作用，可以观察到 30 条超精细结构 EPR 谱线及晶轴随外场取向不同的各向异性（关于方解石超精细结构的原理及计算请参阅相关资料）。采用 MSD-II 型 EPR 谱仪装置框图如图 7-5 所示。

【实验仪器】

1. 主机结构及工作原理

该装置由主机、电磁铁和计算机组成，主机共分为五个部分：即①微波部分；②调制部分；③扫描部分；④放大部分；⑤测控及接口部分。整体结构框图如图 7-5 所示。

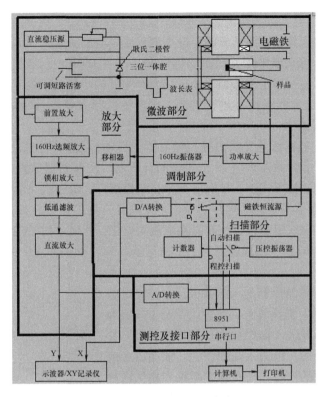

图 7-5　MSD-Ⅱ型 EPR 谱仪框图

（1）微波部分。采用微波边振自检工作机制，其核心为"三位一体"变频腔，腔的一端为可调短路活塞，另一端为短路块 3cm 矩形波导，调节短路活塞改变腔长从而可以改变微波振荡频率，其频率由安装在腔体上的波长表测量。"三位一体"是指耿氏二极管（以下简称耿氏管）固体微波源、耿氏管兼作检波器、样品置于同一腔中（改变 EPR 谱仪中源、样品、检波三分离的传统工作机制），省去 AFC（自动频率控制）等电子线路及多种波导器件，能自动锁频，保证 EPR 谱线为纯吸收谱线。耿氏管中装有良好的散热装置，它除了作微波源外，还兼作检波器（即当 EPR 发生时，腔的 Q 值下降，微波振荡电压下降），称之为自检。直流稳压源提供 24V 的电压，通过电位器的分压后，给耿氏管提供适当的偏压，使耿氏管工作在负阻区（见图 7-6），产生 X 波段范围内的微波振荡，通过调节"偏压"旋钮，在电压表和电流表上可观察到明显的负阻现象，当偏压接近阈值 V_{th} 时耿氏管处于最佳边限振荡状态（类似于 NMR 中的边限振荡），灵敏度最高。待测样品粘贴在短路中心的样品杆（黄铜圆柱转杆）上，它可以进行 0～360° 的旋转，使待测样品晶轴对磁场有不同取向，从而研究晶体的各向异性。在靠近短路块内壁波导窄壁中央开有 φ2mm 的小孔，以便作参比法测量时，插入参比样品管。为保证待测样品和参比样品都处于相同的微波场中，还可将参比样品与待测样品一起粘贴在样品杆上。样品放置在靠近短路块内壁微

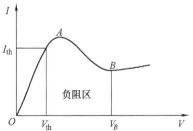

图 7-6　耿氏管的伏安特性

波磁场 $\boldsymbol{B}_1$ 最强最均匀处，且与恒磁场 $\boldsymbol{B}$ 垂直，满足磁共振对 $\boldsymbol{B}$ 和 $\boldsymbol{B}_1$ 极化方向的要求。由共振条件可知，当固定频率调磁场或固定磁场调频率时均能发生 EPR 现象。

（2）调制部分。振荡器采用文氏桥振荡电路，产生 160Hz 正弦波，分两路送出，一路送往功率放大电路，另一路送往移相器。正弦波作为低频小调场调制信号被送往调场线圈；若调制信号采用 50Hz 大调场信号进行调制，则产生低频大调场调制信号。调节"调场幅度"旋钮可控制调制深度。

（3）扫描部分。扫描部分提供两种扫描方式：自动扫描和程控扫描。压控振荡器产生频率可调的方波信号，计数器采用 12 位二进制计数器。在自动扫描方式下，计数脉冲来自压控振荡器；在程控扫描方式下，计数脉冲来自测控接口。每接收一个计数脉冲，计数值加 1。D/A 转换将计数值转换成模拟电压，从而产生线性良好的锯齿波扫描信号。扫描信号一路通过电子开关送往磁铁恒流源，控制磁铁电流的变化，产生主扫描磁场，另一路送往示波器与记录仪的 X 轴。调节"扫描起点""扫描范围"和"扫描速度"可设置扫描起点、范围及自动扫描速度。

（4）放大部分。从耿氏管送入的共振信号，经过前置放大后，送入 160Hz 选频放大，滤去大部分非 160Hz 信号（干扰信号），再送入锁相放大，同时，160Hz 参考信号经移相器移相后，也送入锁相放大。锁相放大或相敏检波是放大部分的核心，具有频率敏感和相位敏感两种效应，它只允许与参考信号同频率、同相位的信号通过，由于干扰信号的相位无规律，通过锁相放大后被滤除，只有 160Hz 共振信号通过（见图 7-7）。低通滤波滤去 160Hz 载波，剩下直流共振信号，经过直流放大后，一路进入 A/D 转换，供单片机

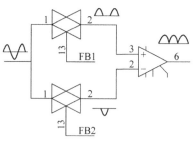

图 7-7 锁相放大原理

采样，另一路经过电子开关送往示波器与记录仪的 Y 轴。

（5）测控及接口部分。此部分硬件的核心采用的是 MCS-51 系列中的 8951 单片机。当谱仪工作于自动扫描方式下时，扫描信号来自压控振荡器，测控接口仅对谱仪起采集数据的作用；在程控方式下，CPU 通过发送时钟脉冲和复位脉冲来控制计数器计数，产生扫描电流并送给磁铁恒流源，从而产生主扫描磁场，并通过 A/D 转换采样共振信号，将采样结果保存在内存中，同时扫描信号和共振信号分别送往示波器/记录仪的 X 轴和 Y 轴。单片机通过串行口与计算机通信，接受命令并向计算机发送采样数据，计算机根据采到的数据实时地显示在屏幕上，计算机又可通过 8951 单片机控制电流的复位、电流扫描的次数。由此实现通过计算机对谱仪的控制和对信号的检测。软件采用 VB 编程，在 Windows 操作系统下运行。整个界面具有菜单化、结构化、模块化、汉字工作提示、实验数据实时屏幕绘图、实验参数实时显示、数据处理等特点，用户界面良好。

2. 电磁铁

它由恒磁线圈和调制线圈组成，恒磁线圈提供相对稳恒磁场（0～0.35T），当调制线圈由 50Hz 大幅度信号调制时构成低频大调场调制信号，这时调制磁场在变化一周期间，磁场变化通过共振点两次，信号通过视频检波就会在示波器上看到两个 EPR 信号（见图 7-8），经过相移调节后，可使两个 EPR 信号合而为一。为了兼顾分辨率采用低频 160Hz（不采用通常高频 100kHz）小调场技术。采用低频小调场相敏检波技术可以滤去调制频率附近的噪

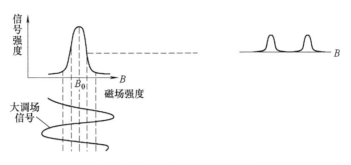

图7-8 低频大调场信号示意图

声,从而提高谱仪的灵敏度和分辨率。由图7-9可以看出,当直流磁场慢慢增大至进入吸收线附近时,由于共振线的斜率不同,输出微波调制的幅度也不同,有时甚至为零(如图7-9a中①处输出的幅度和②处的幅度),在调制信号幅度接近1/10线宽时,输出信号的幅度近似等于共振线型的微分的绝对值,增大"调场幅度"能增大EPR信号强度和提高灵敏度。在经晶体检波后但未经过相敏检波的信号如图7-9b所示,信号的包络对应着共振信号,频率等于调制信号的频率。经过相敏检波及低通滤波后将检出共振信号的微分信号,如图7-9c所示。微分信号的峰-峰值对应线宽ΔB。

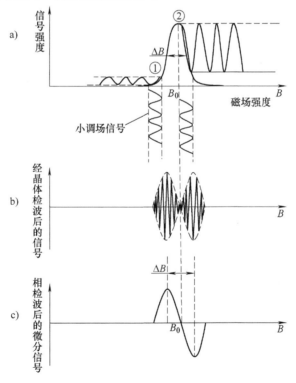

图7-9 低频小调场波谱仪信号处理过程

3. 参比法测EPR谱

本实验对EPR谱线的测量采用参比法,用有机自由基DPPH作为参比样品(其中$g_s = 2.0036$,EPR谱线线宽$\Delta B_s = 2.7 \times 10^{-4}$T)。若DPPH的共振频率为$f_s$,则共振磁场

$$B_s = 0.3565 f_s (\text{T}) \tag{7-23}$$

未知待测样品的 g_x 值可通过与参比样品（标准样品）的 g_s 值相比较而求得，此时有公式（共振频率相同时）

$$g_x = \frac{B_s}{B_x} g_s \tag{7-24}$$

式中，B_s 和 B_x 分别为参比样品和待测样品的共振磁场，若 B_s 和 B_x 间距为 ΔB_x，则有

$$g_x = g_s \left(1 \pm \frac{\Delta B_x}{B_x}\right) \tag{7-25}$$

若 $B_s \approx B_x$，则有

$$g_x = g_s \left(1 \pm \frac{\Delta B_x}{B_s}\right) \tag{7-26}$$

若磁场已定标，磁场-电流关系是线性的，则可将 $g_x = \frac{B_s}{B_x} g_s$ 写成

$$g_x = \frac{I_s}{I_x} g_s \tag{7-27}$$

式中，I_s 和 I_x 分别为参比样品和待测样品的共振磁场电流。

若待测样品与参比样品的 EPR 谱线具有相同的线型，则线宽

$$\Delta B_x = n \Delta B_s \tag{7-28}$$

式中，n 是 ΔB_x 和 ΔB_s 的比值（ΔB_x 和 ΔB_s 分别是待测样品的和参比样品的线宽），可通过对比它们的共振谱线半宽度求得。若谱线为洛伦兹型，则弛豫时间（以 s 为单位）为

$$T_{2x} = \frac{2}{\gamma \Delta B_x} = \frac{1}{14 \pi g_x \Delta B_x} \times 10^{-9} \tag{7-29}$$

式中，γ 为旋磁比 $\left[\dfrac{\gamma}{2\pi} = 14 g_x (\text{GHz} \cdot \text{T}^{-1})\right]$。

【实验内容】

1. 耿氏二极管的 V-I 特性及边限振荡现象的观测

（1）测量耿氏二极管的 V-I 特性曲线（数据以列表和作图形式列出），注意观察耿氏管的负阻特性，定性理解耿氏二极管为什么能产生微波振荡，并估计出观测 EPR 谱线的合适偏压值。

（2）调出 DPPH 或待测样品的 EPR 信号，注意观察耿氏二极管的边限振荡现象。在不同的偏压下观察 EPR 谱线幅度的变化，接近 V_{th} 值时 EPR 信号最大，此时为最佳边限振荡状态，灵敏度最高。

2. EPR 谱线受晶场影响下的各向异性的观测

（1）设置适当的扫描磁场起点和扫描磁场范围使 DPPH 和 $CuSO_4 \cdot 5H_2O$ 单晶体的 EPR 谱线依次出现在计算机的屏幕上，旋转样品杆（0~360°），注意 $CuSO_4 \cdot 5H_2O$ 单晶体因受轴对称晶场的各向异性的影响而使待测样品 EPR 谱线的位置与参比样品的间距产生变化。

（2）通过计算机软件中的"读谱"分别读出待测样品和参比样品 EPR 谱线的下峰点、

中点、上峰点的电流值，输入"解谱"中，测量出 $CuSO_4 \cdot 5H_2O$ 单晶体晶轴平行或垂直于磁场时，即测量 $0°$，$90°$，$180°$，$270°$ 时，Cu^{2+} 离子的 g 因子、线宽 $\Delta B_\perp$ 和弛豫时间 $T_{2\perp}$。

【数据处理】

通过计算机软件中的"读谱"分别读出待测样品 Cu^{2+} 离子的 g 因子、线宽 $\Delta B_\perp$ 和弛豫时间 $T_{2\perp}$。

【注意事项】

1. 为防止耿氏二极管烧坏，必须将主机上的偏压旋钮置于零位后再打开主机，实验后将偏压调节旋钮置于零位后再关闭偏压开关，以免关闭引起的冲击电流损坏管子。耿氏二极管的偏压值不能超过允许的极限值（9V）。

2. 打开主机后缓慢增加偏压到第一个谐振位置。

3. 调节 EPR 信号时，注意使波长表处于失谐状态。

4. 在关闭电源开关时应先把扫描起点电流降到 0A，以免关闭引起的冲击电流损坏仪器。

5. 相移已随机调好，不要轻易移动。若需调节，应依后面板相移输出端波形调节。

6. 操作前请详细阅读仪器使用说明书。

【思考题】

1. 在本实验中耿氏二极管的作用是什么？

2. 本实验中"三位一体"指的是什么？

实验八 用光学多通道分析器研究氢原子光谱

光谱分析是研究物质微观结构的重要方法，它广泛应用于化学分析、医药、生物、地质、冶金和考古等领域。常见的光谱有吸收光谱、发射光谱和散射光谱，涉及的波段从 X 射线、紫外光、可见光、红外光到微波和射频波段。本实验通过测量钠原子和发光二极管在可见光波段的发射光谱，使学生了解光谱与微观结构（能级）间的联系和光谱测量的基本方法。

【实验目的】
1. 掌握多通道分析器的原理和使用方法。
2. 了解氢原子发射光谱，测定氢原子巴耳末系各发射光谱波长和氢的里德伯常数。
3. 了解发光二极管的原理，测定其连续光谱。

【实验原理】

1. 光学多通道分析器（OMA）

利用现代电子技术接收和处理某一波长范围（$\lambda_1 \sim \lambda_2$）内光谱信息的光学多通道检测系统的基本框图如图 8-1 所示。

图 8-1 OMA 基本框图

入射光被多色仪色散后在其出射窗口形成 $\lambda_1 \sim \lambda_2$ 的谱带。位于出射窗口处的多通道光电探测器将谱带的强度分布转变为电荷强弱的分布，由信号处理系统扫描、读出，经 A/D 变换后存储并显示在计算机上。

OMA 的优点包括：所有的像元（N 个）同时曝光，整个光谱可同时取得，比一般的单通道光谱系统检测同一段光谱的总时间快 N 倍；在摄取一段光谱的过程中不需要光谱仪进行机械扫描，不存在由于机械系统引起的波长不重复的误差；减少了光源强度不稳定引起的谱线相对强度误差；可测量光谱变化的动态过程。

多色仪及光源部分的光路如图 8-2 所示。光源 S 经透镜 L 成像于多色仪的入射狭缝 S_1，入射光经平面反射镜 M_1 转向 $90°$，经球面镜 M_2 反射后成为平行光射向光栅 G。衍射光经球面镜 M_3 和平面镜 M_4 成像于观察屏 P。由于各波长光的衍射角不同，在 P 处形成以某一波长 λ_0 为中心的一条光谱带，使用者可在 P 上直观地观察到光谱特征。转动光栅 G 可改变中心波长，整条谱带也随之移动。多色仪上有显示中心波长 λ_0 的波长计。转开平面镜 M_4 可使衍射光直接成像于光电探测器 CCD 上，它测量的谱段与观察屏 P 上看到的完全一致。

CCD 是电荷耦合器件（Charge-Coupled

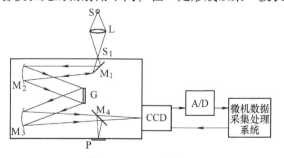

图 8-2 OMA 光路图

Device）的简称，是一种以电量表示光强大小，用耦合方式传输电量的器件，它具有自扫描、光谱范围宽、动态范围大、体积小、功耗低、寿命长、可靠性高等优点。将 CCD 一维线阵放在光谱面上，一次曝光就可获得整个光谱。目前，二维面阵 CCD 已大量用于摄像机和数字照相机。

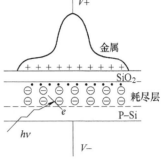

图 8-3　CCD 示意图

CCD 的结构如图 8-3 所示，衬底是 P 型 Si，硅表面是一层二氧化硅（SiO$_2$）薄膜，膜上以一层金属作为电极，这样硅和金属之间形成一个小电容。如果金属电极置于高电位，在金属界面积累了一层正电荷，P 型半导体中带正电荷的空穴被排斥，只剩下不能移动的带负电荷的受主杂质离子，形成一耗尽层，受主杂质离子因不能自由移动而对导电作用没有任何贡献。在耗尽区内或附近，由于光子的作用产生电子-空穴对，电子被吸引到半导体与 SiO$_2$ 绝缘体的界面形成电荷包，这些电子是可以传导的。电荷包中电子的数目与入射光强和曝光时间成正比，很多排列整齐的 CCD 像元组成一维或二维 CCD 阵列，曝光后一帧光强分布图将成为一帧电荷分布图。

实验采用的是具有 2048 个像元的 CCD 一维线阵，其光谱响应范围为 200~1000nm，响应峰值在 550nm，动态范围大于 2^{10}。每个像元的尺寸在 14μm × 14μm，像元中心距为 14μm，像敏区总长为 28.672mm。多色仪中 M$_2$、M$_3$ 的焦距为 302mm，光栅常数为 1/600mm，在可见光区的线色散 $\Delta\lambda/\Delta l$（光谱面上单位宽度对应的波长范围）约为 5.55nm/mm，由此可知 CCD 一次测量的光谱范围为 5.55 × 28.67nm，约为 159nm。光谱分辨率即两个像元之间波长相差约 0.077nm。在 OMA 中每个像元称为一"道"，本实验的系统是 2048 道 OMA。

每次采样（曝光）后每个像元内的电荷在时钟脉冲的控制下顺序输出，经放大、模-数（A/D）转换，将电荷即光强顺序存入采集系统（微机）的寄存器，经微机处理后，在显示器上就可看到熟悉的光谱图。移动光谱图上的光标，屏上即显示出光标所处的道数和相对光强值。

使用者可通过屏幕提示来操作采集系统，一般操作界面主窗口下包括的菜单项有：

（1）文件——主要提供文件打开/关闭、结果打印和程序退出等功能。

（2）信息——显示网格和显示坐标系统的中心位置。

（3）运行——主要包含一些数据采集子菜单项，如实时采集、背景采集和改变起始波长等。

（4）数据处理——主要提供对采集到的光谱数据进行操作处理的功能，如定标、平滑、扩展、数据读取和两谱图的加减等。定标就是用光标从光谱中找出各已知波长的谱峰所处的道数，并输入相应的波长值，计算机根据最小二乘法拟合道数与波长的关系，拟合后的横坐标由原来的道数标度变为波长标度。

（5）数据图像处理——用来修正波长，还可以根据所使用的光栅选择相应的光栅参数。

（6）关于——显示版本信息。

其他详细说明见仪器说明书。

利用多通道光谱仪测量光谱时，狭缝宽度一般不超过 0.1mm。利用观察屏 P 观察谱线时，狭缝可适当放大以得到可观察的光谱线，但不要超过 2mm，否则会损坏狭缝。

测量前应调整 L、S 和多通道仪共轴等高，并使光源成像于入射狭缝处。

实验前在"StuData"文件夹下建立以个人姓名命名的文件夹，并将所有实验文件存入该文件夹。

2. 氢原子光谱

从氢气放电管可以获得氢原子光谱。人们早就发现氢原子光谱在可见区和近紫外区有好多条谱线，构成了一个很有规律的系统。

1885 年，巴耳末（J. J. Balmer）根据当时已测量到的 14 条谱线的波长，提出氢原子光谱在可见区域内谱线的波长可以准确地用一经验公式表示：

$$\lambda = B\frac{n^2}{n^2 - 4} \tag{8-1}$$

式中，$n = 3$，4，5，6，…为连续整数；$B = 364.56\text{nm}$ 是一经验常数。由式（8-1）计算所得的波长数值在实验误差范围内同测得的数值是一致的。后人称此公式为巴耳末公式，它所表达的一组谱线称作巴耳末系。为了更清楚地表明谱线分布规律，里德伯将此式改写成用波数 $\bar{\nu}$ 表示的形式：

$$\bar{\nu} = \frac{1}{\lambda} = R_H\left(\frac{1}{2^2} - \frac{1}{n^2}\right) \tag{8-2}$$

式中，R_H 称为氢的里德伯常数。后来陆续又发现了氢的紫外区的赖曼系，红外区的帕刑系、布喇开系和普丰特系，并且也有类似式（8-2）的简单公式，这样就可用下面的普遍表达式描述氢原子的光谱：

$$\bar{\nu} = R_H\left(\frac{1}{m^2} - \frac{1}{n^2}\right) = T(m) - T(n) \tag{8-3}$$

式中，T 称为光谱项；$m = 1$，2，3，…，对于每一个 m，$n = m+1$，$m+2$，…，构成一个谱线系。

根据玻尔理论，原子中的电子只能在一系列确定的轨道上运动，它的半径、角动量、能量都是量子化的，这些允许分立的状态的能量为

$$E_n = \frac{2\pi m e^4}{(4\pi\varepsilon_0)^2 h^2\left(1 + \dfrac{m}{M}\right)} \cdot \frac{1}{n^2} \tag{8-4}$$

式中，h 为普朗克常量；e、m、M、n 分别为电子电荷、电子质量、氢原子核质量、主量子数。当 n 一定时，原子具有一定的能态，处于一定的能级。电子从高能级跃迁到低能级时，发射的光子能量 $h\nu$ 为两能级间的能量差：

$$h\nu = E(m) - E(n) \qquad (m > n) \tag{8-5}$$

光谱项 $T(n)$ 和能级 $E(n)$ 是对应的，从 R_H 可得氢原子各能级的能量

$$E(n) = -R_H ch\frac{1}{n^2} \tag{8-6}$$

式中，$h = 4.13567 \times 10^{-13}\text{eV} \cdot \text{s}$；$c = 2.99792 \times 10^8 \text{m} \cdot \text{s}^{-1}$。

3. 发光二极管

发光二极管是由Ⅲ-Ⅳ族化合物如 GaAs（砷化镓）、GaP（磷化镓）、GaAsP（磷砷化镓）等半导体制成的，其核心是 PN 结。因此它具有一般 PN 结的 I-U 特性，即正向导通、

反向截止、击穿特性。此外，在一定条件下，它还具有发光特性。在正向电压下，电子由 N 区注入 P 区，空穴由 P 区注入 N 区。进入对方区域的少数载流子（少子）一部分与多数载流子（多子）复合而发光。

按发光管发光颜色分，可分成红色、橙色、绿色（又细分为黄绿、标准绿和纯绿）、蓝色光等。某一个发光二极管所发之光并非单一波长，其光谱图大体如图 8-4 所示。

由图 8-4 可见，该发光管所发之光中某一波长 λ_0 的光强最大，该波长为峰值波长。光谱宽度 $\Delta\lambda$ 表示发光管的光谱纯度，它是指图 8-4 中 1/2 峰值光强所对应两波长之间隔。

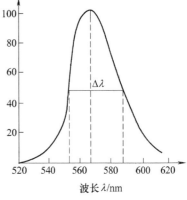

图 8-4　二极管发光特性

本实验就是利用光学多通道分析仪来确定二极管的发光峰值波长以及其光谱宽度。

【实验仪器】

氢灯、汞灯及电源、凸透镜、发光二极管（红、绿或蓝）、直流恒流电源、导线、光学多通道分析仪。

【实验内容】

1. 测定氢原子巴耳末系光谱及计算氢里德伯常数

（1）通过汞灯 577nm 谱线来检验仪器是否需要波长修正。

（2）调节中心波长为 420nm，用汞灯的标准谱线定标，使横坐标表示波长（nm）；改用氢灯，分别测量 H_β、H_γ、H_δ 的波长。

（3）调节中心波长为 540nm，用汞灯定标后，测定 H_α 的波长，将测量数据填入下表中。

	H_α	H_β	H_γ	H_δ
n				
λ/nm				
$\bar{\nu}$/m^{-1}				

（4）根据式（8-2）用线性拟合求出 R_H。

（5）根据式（8-6）画出 $n=1,2,\cdots,6$ 及 n 为 ∞ 的能级图，单位用 eV，并标出 H_α、H_β、H_γ、H_δ 各线对应哪两个能级的跃迁。

2. 测定发光二极管光谱

任选一种颜色的发光二极管，根据附表中的谱线范围，自己选择汞谱线定标，然后测量这种颜色发光二极管的连续光谱，用直尺在其相对强度为波峰的 1/2 处标出谱线宽度 $\Delta\lambda$，根据横坐标值计算出其大小并标注在图上合适的位置，保存为 "1. tif"。

【注意事项】

1. 任何时刻狭缝宽度应小于 2mm。

2. 更换光源时应保证光源、透镜和光学多通道分析仪相对位置不变。起动光学多通道分析仪的步骤为：打开计算机电源，打开 CCD 电源，置 M_4 控制手柄于 CCD 位置，打开软件。

3. 建立个人数据文件夹，把所有实验文件存入个人数据文件夹，应带好 U 盘或移动存储卡，完成实验后拷贝实验文件。

4. 在关闭发光二极管的电源时，应先将电流表旋转到最小值，以免损坏二极管。

5. 定标至少需要两条谱线。

【思考题】

1. 分析狭缝宽度和在观察屏上谱线相对功率之间的关系。

2. 分析分立光谱和连续光谱原子发光机理。

【附录】

汞原子主要光谱线			（单位：nm）
312.6	313.2	334.2（紫外）	404.7（蓝紫）
407.8（蓝紫）	435.8（蓝）	491.6（绿蓝）	546.1（绿）
577.0（黄）	579.1（黄）	623.4（橙）	690.7（红）

实验九　热重法分析物质固相反应

【实验目的】

1. 探讨 $CaCO_3$ 的固相反应动力学关系。
2. 掌握用热重法进行固相反应研究的方法。
3. 验证固相反应的动力学规律——金斯特林格方程。

【实验原理】

固相物质中的质点，在温度升高时，振动会相应增大，达到一定温度的时候，其中的若干原子便具有一定的活度，以致可以跳离原来相应的位置，与周围的其他质点发生换位作用。在一元系统中表现为烧结的开始，如果是二元或多元系统，则表现为表面相接触的各物质间有新的化合物生成，即发生了固相反应。温度升高，固相反应速度增大。这种反应是在没有气相和液相参加下进行的，反应发生的温度低于液相出现的温度，称之为固相反应。不过实际生产工艺中是在生成的液相和气相参与下所进行的固相反应，因此，这里提出的固相反应是广义的，即由固态反应物出发，在高温下经一系列物理化学变化而产生固态产物的过程。

本实验是通过热重法研究 $CaCO_3$ 的固相反应，以观察其反应动力学关系，并对固相反应的速率提出定量的研究和验证固相反应动力学公式。

$CaCO_3$ 的固相反应按下式进行：

$$CaCO_3 = CaO + CO_2 \uparrow$$

该反应是按分子比例作用的，若能测得反应进行中各时间段失重的 CO_2 量，就可计算出这段时间反应物的反应量或生成物的生成量。据此，按照固相反应的动力学关系则可求出 $CaCO_3$ 固相反应的速度常数。

【实验仪器与试剂】

加热电炉、电子天平、$CaCO_3$（化学纯）。

【实验步骤】

1. 称取 $7 \sim 8g$ 的样品置于石英玻璃管中，称量时，准确度达到 $1mg$。
2. 当炉温升到 $950℃$ 时，保持恒温 $5min$ 后，将盛有试样的玻璃管放入其中。待 $2 \sim 6min$ 后，开始记失重量。以后每隔 $1min$ 记录一次数据，共记录 20 次。
3. 取出玻璃管，在温度 $1000℃$ 下按上述步骤再做一次。

【数据处理】

应用金斯特林格固相反应动力学方程式进行计算，方程式如下：

$$1 - \frac{2}{3}G - (1 - G)^{2/3} = Kt$$

式中，G 为转化率；t 为反应时间；K 为反应速度常数。

从上式中可见，在一定的反应温度下，取 $1 - \frac{2}{3}G - (1 - G)^{2/3} = Kt$，对 t 作图可得一条直线，其斜率为 K。

作用时间 t/min	样品重 W /mg	CO_2 累计失重量 W_1/mg	$CaCO_3$ 的反应量 W_2/mg	W_2 对开始 $CaCO_3$ 的质量分数 G/%	$1 - \dfrac{2}{3}G - (1-G)^{2/3}$	K

【思考题】

1. 在本实验中失重变化规律如何？温度对反应速率有何影响？

2. 影响本实验准确性的因素有哪些？

实验十　红外分光光度计的使用

TJ270 – 30（30A）型红外分光光度计可以记录物质在波数为$400 \sim 4000 \mathrm{cm}^{-1}$范围内的红外吸收光谱或红外反射光谱。根据所记录的谱图或打印的数据，可以对被测物进行定性或定量的分析工作。它是石油、化工、医药、卫生、食品、造纸、环境监测，以及半导体制造等诸多行业中进行物质结构分析的一个重要工具。

【实验目的】

1. 了解红外分光光度计的组成结构和工作原理。
2. 掌握红外光谱分析中固体样品的制备方法。
3. 学习用红外分光光度计测量材料的近红外吸收光谱。

【实验原理】

1. 基本原理和构造

（1）工作原理

色散型红外分光光度计，其工作原理是从光源发出的连续红外光被分成两束，分别通过样品池和参比池，利用斩光器（扇形镜）使样品光束和参比光束交替进入单色器，然后被检测器检测，信号经放大处理，得出以波长或波数为横坐标、透光率或吸光度为纵坐标的红外吸收光谱。图 10-1 为其工作原理框图。

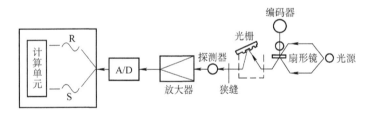

图 10-1　分光计工作原理框图

由光源发出的光，被分为对称的两束：一束通过样品，称为样品光 S；另一束作基准用，称为参考光 R。这两束光通过样品室进入光度计后，被一个以每秒 10 周旋转着的扇形镜所调制形成交变光信号并将它们合为一路，交替地通过入射狭缝进入单色器中。在单色器中，离轴抛物镜将来自入射狭缝的光束转变为平行光投射在光栅上，经光栅色散返回离轴抛物镜并通过出射狭缝射出，滤光片将高级次光谱滤除，再经椭球镜聚集在探测器的接收面上，探测器将上述的交变光信号转换为相应的电信号，经放大器进行电压放大之后送入 A/D 转换单元，将模拟电信号转换为相应的数字量，并送入数据处理系统的计算单元中去。图 10-2 为计算单元的工作原理框图。

在计算单元中，首先运用同步分离原理，将被检测信号中的基频（10Hz）分量 R – S 和倍频（20Hz）分量 R + S 分离开来，并通过解联立方程求出 R 和 S 的值，最后再求出 S/R 的比值，这个比值即表征被测样品在某一固定波长位置的透过率或反射率值。被测样品的透过率值，可以通过仪器的终端显示器显示出来，亦可运用终端绘图打印装置记录下来。于是，当仪器自高波数至低波数进行扫描后，就可连续地显示或记录下被测样品的红外谱图了。

（2）基本结构

整机系统的组成情况如图 10-3 所示。

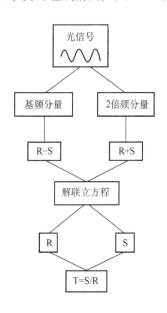

图 10-2　计算单元工作原理框图

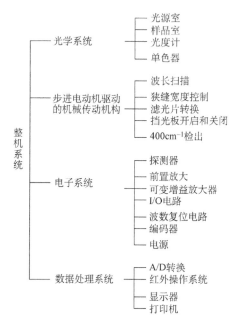

图 10-3　整机系统

1）光学系统。光学系统原理如图 10-4 所示。

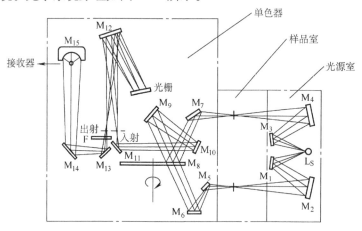

图 10-4　光学系统原理图

光学系统主要包括三部分：光源室、光度计、单色器。

光源室由平面镜 M_1、M_3，球面镜 M_2、M_4，以及光源 L_S 等组合而成。光源长 18mm，直径 3.6mm，其灯丝是由一种耐高温的合金丝烧制而成的。光源点燃时，温度高达 1150℃。

光度计的主要任务是将参考光束和样品光束在空间上合为一路，而在时间上互相交替，光度计是由平面镜 M_5、M_6、M_7、M_{10}，椭球镜 M_9，以及扇形调制镜等组合而成。扇形调制镜是光度计中的重要部件，其结构如图 10-5 所示。由图可见，扇形调制镜是由 R、B_1、S、B_2 等四部分组成，其中 R 为反射，S 为透射，而 B_1 和 B_2 不透光，因而被旋转扇形镜所调制的光信号如图 10-6 所示。

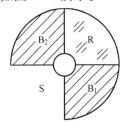

图 10-5　扇形调制镜结构

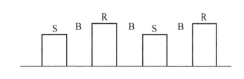

图 10-6　调制光信号

由图 10-5 和图 10-6 可见，被调制的参考光信号 R 与样品光信号 S 相位相差 180°，所以虽然它们在空间上合为一路，在时间上却是交替地进入单色器中。

单色器采用李特洛型光栅——滤光片单色器，由入射狭缝 S_1、平面镜 M_{11}、抛物面反射镜 M_{12}、光栅 G 及出射狭缝 S_2 等组合而成。双闪耀光栅 G 可以覆盖整个波数段，光栅刻线为 66.6 条/mm，闪耀波长分别为 $3\mu m$ 和 $10\mu m$。

为了获得一级光谱的单色光，在出射狭缝之后，采用四块短截止干涉滤光片滤除光束中的高级次光谱。四块滤光片分别在如下波数位置自动切换：$F1\rightarrow F2$，$2175cm^{-1}$；$F2\rightarrow F3$，$1200cm^{-1}$；$F3\rightarrow F4$，$700cm^{-1}$。

2）机械传动系统。机械传动系统主要包括四部分：波数驱动系统、狭缝宽度控制机构、滤光片切换机构以及 $4000cm^{-1}$ 位置检出机构。

波数驱动系统如图 10-7 所示，由步进电动机、蜗轮、蜗杆、凸轮、凸轮杠杆及光栅台等组合而成，蜗轮与蜗杆传动比为 75:1。由数据处理单元控制步进电动机转动，在步进电动机的驱动下，波数凸轮转动，推动凸轮杠杆，带动光栅转动，从而实现了仪器的波数扫描工作。

狭缝宽度控制机构如图 10-8 所示，狭缝宽度控制机构主要由步进电动机、狭缝凸轮及狭缝片等组成。本仪器由软件实现狭缝缝宽及其倍率变换的控制。数据处理单元在控制仪器进行波数扫描的同时，不断发出指令控制狭缝电动机的转角，并通过狭缝凸轮改变狭缝的宽度，这样就实现了在不同的波数位置具有相应的狭缝宽度的要求，狭缝缝宽范围为 $0.1\sim5mm$。仪器通过程序预置狭缝电动机具有不同的起始转角，实现了狭缝宽度的倍率变换。狭缝倍率设置 5 档。

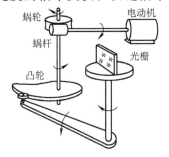

图 10-7　波数驱动系统示意图

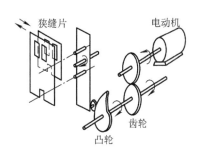

图 10-8　狭缝宽度控制机构示意图

仪器在波数扫描过程中，需要切换滤光片时，由数据处理单元发出指令控制滤光片电动机转动一定角度，从而完成滤光片的自动切换工作。仪器开机后，滤光片组件自动归位至初始位置。

为了保证整机系统具有较高的波数准确度，仪器必须要能够自动、准确地检出或复位至 4000cm^{-1} 位置。本仪器采用光电检测法实现这一功能。

3）电子电路及数据处理单元。图 10-9 为整机电子电路及数据处理单元的原理框图。

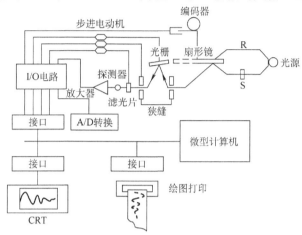

图 10-9   整机电子电路及数据处理单元的原理框图

探测器的作用是将投射在其上的调制光信号转换为相应的电信号。TJ270 - 30 型探测器采用真空热电偶；TJ270 - 30A 型探测器采用 TGS。探测器光敏接收面积为 $0.4\text{mm} \times 1.5\text{mm}$；窗口材料为 KBr + KRS-5。

由于探测器的输出信号极其微弱（约为 2×10^{-9} Vrms），所以必须进行适量的电压放大，前置放大器即担负这一任务。为了降低噪声，减小干扰，提高系统的信号噪声比，在热电偶探测器系统中，前置放大电路中首先采用前置变压器进行升压（升压约 55dB），然后再进行电压放大；在 TGS 探测器系统中，采用梳状滤波器放大结构。可变增益放大器除了对来自前置放大器的信号进一步予以放大外，主要是执行自动变换整机系统信号增益的任务。这是因为仪器在进行测试工作的时候，一般是随着测量条件的变化，或者是针对不同的被测对象变更狭缝倍率，从而改变投射在探测器上的调制光信号的强度。为了弥补由此而产生的系统输出信号幅度的变化，就必须要在改变狭缝倍率的同时，自动地变换整机信号增益，以保证仪器能够正常地进行工作。本仪器狭缝倍率变换设置 5 档，每相邻两档缝宽变化 2 倍。因此可变增益放大器的增益亦相应地设置 5 档，每相邻两档增益变化为 2 倍。通过 A/D 转换单元之后，模拟电信号转换为相应的数字量。为了提高整机系统的精度，这里采用 12bit 的 A/D 转换集成电路，其转换精度达 1/4096。为了能够有效地进行信号分离工作，将产生同步信号的旋转编码器机械地与扇形调制镜同轴连接，这样使得同步编码信号与扇形镜的调制频率同步，从而保证能够高精度地进行信号的同步分离工作。I/O 电路单元是 TJ270 - 30（30A）红外分光光度计主机与数据处理系统之间的信号通道，负责传送计算机所发出的各种控制信号，以及主机所发出的应答信号。其中的步进电动机驱动电路负责驱动整机系统各功能步进电动机的运转，它接收来自数据处理系统的不同控制信号，推动步进电动机动作快、慢速或正、反向运转。数据处理单元是由计算机及其终端显示器、打印机等组成。专门编制的红外分光光度计操作系统程序驻留在计算机的硬盘上，用以实现整机系统的自动控制和数据处理功能。

2. 样品制备方法

（1）固体样品。制备固体样品常用的方法包括：压片法、薄膜法及调糊法。

（2）液体样品。制备液体样品常用的方法包括：夹片法、液体池法及涂膜法。

（3）气体样品在气体吸收池中进行制备。

【实验仪器】

红外分光光度计、计算机、打印机、玛瑙研钵、KBr 晶体、固体样品架、待测药品样品、干燥箱、压片机及压片模具等。

【实验内容】

1. 首先分别打开计算机、红外系统主机开关，然后单击"开始\程序\TJ270"或双击其桌面快捷方式，进行系统初始化并运行系统程序。

2. 单击"文件\参数设置"，弹出参数设置菜单。参数设置应根据样品要求来确定，若无要求或要求不确定，一般按照如下设置：将测量模式设置为透过率，扫描速度设置为快，狭缝宽度设置为正常，响应时间设置为正常，X-范围设置为 $4000 \sim 400 \text{cm}^{-1}$，Y-范围设置为 $0 \sim 100\%$，扫描方式设置为连续，次数设置为 1 即可。在确认样品室中未放置任何物品的情况下，单击菜单栏中的"系统操作\系统校准"或直接按〈F2〉快捷键，进行系统 0、100% 校准。

3. 制备样品。取 $1 \sim 2 \text{mg}$ 待测固体样品，加入 $100 \sim 200 \text{mg}$ 溴化钾粉末，在玛瑙研钵中充分磨细（颗粒约 $2 \mu \text{m}$），使之混合均匀，并将其置入烘干箱烘干。取出适量混合物均匀铺洒在干净的压片模具内，在压片机上压制成透明薄片，并将此片装于固体样品架上。

4. 将样品架放入样品池中，单击"测量方式\扫描"，开始进行扫描。扫描结束后，可在右侧的信息栏中的"当前谱线\名称"一栏中，输入样品名称及作者并单击"文件\保存"来保存图谱，也可单击"文件\打印"来打印图谱。样品测试结束后，单击"文件\退出系统"退出红外操作系统，并分别关闭红外主机与计算机。

5. 将样品的红外光谱图与标准红外光谱图进行对照鉴别。

【注意事项】

1. 仪器开关顺序严格按照要求进行。

2. 制备固体样品时要保证粉末和器具的干燥。

【思考题】

1. 红外分光光度计分为哪两种？

2. 为什么压片法研磨后的粉末颗粒直径不能大于 $2 \mu \text{m}$？

实验十一　拉曼光谱实验

拉曼光谱是分子或凝聚态物质的散射光谱。在激光等强单色光作用下，物质的散射光中除含有频率不发生改变的瑞利散射光外，还含有相当弱的频率变化的拉曼散射光，其中携带有散射体结构和状态的信息。现在，拉曼散射已经成为一种用途广泛且极其灵敏的物质分析测试手段。

【实验目的】

1. 了解激光拉曼光谱仪的组成结构和工作原理。
2. 掌握激光拉曼光谱仪的调节方法以及相关分析软件的使用。
3. 学习使用激光拉曼光谱仪测定酒精的拉曼光谱。

【实验原理】

1. 基本原理

拉曼散射光谱作为一个研究物质结构的强有力工具已有很长的历史。早在 1923 年，史梅耳（A. Smekal）从理论上预言，单色光入射到物质以后，物质中的分子会对入射光产生散射，散射光的频率会发生变化。经过了几年的努力，1928 年，印度物理学家拉曼（C. V. Raman）在研究液体苯的散射光谱时，从实验上发现了这种散射，因而称为拉曼散射（也称拉曼效应或拉曼光谱）。

当波数为 $\tilde{\nu}_0$ 的单色光入射到介质上时，除了被介质吸收、反射和透射外，总会有一部分光被散射。按散射光相对于入射光波数的改变情况，可将散射光分为三类：第一类，其波数基本不变或变化小于 $10^{-5}\,\mathrm{cm}^{-1}$，这类散射称为瑞利散射；第二类，其波数变化大约为 $0.1\,\mathrm{cm}^{-1}$，称为布里渊散射；第三类是波数变化大于 $1\,\mathrm{cm}^{-1}$ 的散射，称为拉曼散射。从散射光的强度看，瑞利散射最强，拉曼散射光最弱。图 11-1 是用氩离子激光照射样品，用光电记录法得到的振动拉曼光谱。其中最强的一支光谱 $\tilde{\nu}_0$ 和入射光的波数相同，是瑞利散射。此外还有几对较弱的谱线对称地分布在 $\tilde{\nu}_0$ 两侧，其位移 $\Delta\tilde{\nu}<0$ 的散线称为斯托克斯线，$\Delta\tilde{\nu}>0$ 的散射线称为反斯托克斯射。拉曼散射光谱具有以下明显的特征：

（1）拉曼散射谱线的波数虽然随入射光的波数而不同，但对同一样品，同一拉曼谱线的位移 $\Delta\tilde{\nu}$ 与入射光的波长无关；

（2）在以波数为变量的拉曼光谱图上，斯托克斯线和反斯托克斯线对称地分布在瑞利散射线两侧；

（3）一般情况下，斯托克斯线比反斯托克斯线的强度大。

2. 基本结构

本实验采用 50mW 绿色激光器作为光源照射样品使样品发射拉曼散射，散射光经由聚焦系统照射到光谱仪内，再由光谱仪分光得到拉曼散射光的不同位置。其主要结构包括：光谱仪、外光路、接收系统和光源，如图 11-2 所示。

（1）光谱仪

光谱仪是激光拉曼光谱仪的分光系统，本仪器采用的光栅光谱仪是 C-T 式结构、光栅常数为 1200 条/mm 的光栅，焦距为 300mm。

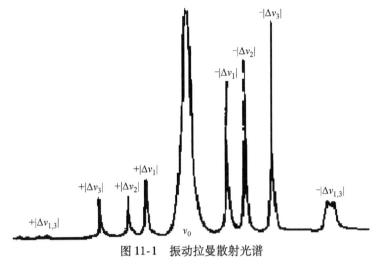

图 11-1　振动拉曼散射光谱

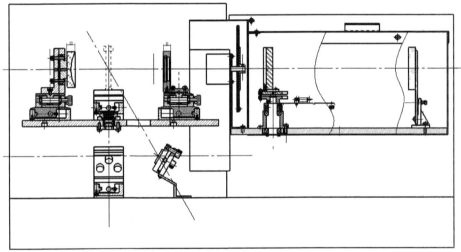

图 11-2　拉曼光谱仪结构示意图

（2）外光路

外光路采用大、小上盖的结构（见图 11-3），使用户操作方便。在初次安装时打开大盖调节内部光路，调节好光路后，在更换样品时再打开小盖即可。

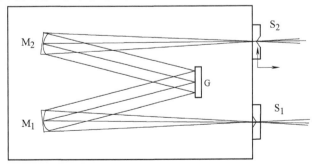

图 11-3　光谱仪光路示意图（其中 M_1、M_2 为球面反射镜；

G 为光栅；S_1、S_2 为狭缝）

（3）接收系统

激光拉曼光谱仪测量由激光激发出的散射光，而散射光本身很弱，并且散射光还要经过光谱仪的分光，所以最终达到接收单元的光非常弱，因此我们采用光子计数的光电接收装置作为拉曼光谱的接收单元以确保测量精度。

（4）光源

本仪器采用50mW单色性能好的532激光器作为激发光源，激光器本身带有偏振性，能满足不同实验的需求。

【实验仪器】

光谱仪主机、外光路系统、样品架（包括五维调节垂直样品架、水平液体样品架、透明固体样品架、斜入射固体样品架、背散射样品架）、偏振光组件及支座、单光子计数接收系统、软件系统。

【实验内容】

1. 将待测样品放入样品槽内，根据样品的不同在附件内选择合适的样品架。

2. 查看光路，观察激光器照射的光是否照射到样品池的正中位置，并通过样品架上的螺钉来调节样品的俯仰和前后，直至合适位置。

3. 查看透过聚焦镜头后的样品光是否照射到狭缝的中心，此处可通过聚焦镜头座下的调节螺钉来调节其俯仰和前后。

4. 打开激光拉曼光谱仪软件，按照操作说明进行数据采集并绘制图谱。

5. 对测试好的图谱进行分析，在软件中可以同时打开多幅图谱进行对比。

【注意事项】

1. 实验过程中只能调节外光路，不要打开拉曼光谱仪的主机盖。

2. 放置样品池时一定要固定好。

【思考题】

1. 激光拉曼光谱仪可以应用到哪些领域？

2. 为什么拉曼光谱可以作为分子结构定性分析的依据？

实验十二　原子力显微镜（AFM）观察光栅表面形貌

按照显微镜的发展历史（见图 12-1）可将其分成三代：第一代是光学显微镜，其分辨率受波长限制，极限分辨率为 200nm；第二代是电子显微镜，包括透射电镜（TEM）和扫描电镜（SEM），TEM 的点分辨率为 0.2 ~ 0.5nm，晶格分辨率为 0.1 ~ 0.2nm，而 SEM 的分辨率为 6 ~ 10nm，但两者都要求高真空的工作环境，使用成本高；第三代是扫描探针显微镜（SPM），包括扫描隧道显微镜（STM）和在 STM 基础上发展起来的原子力显微镜（AFM）、磁力显微镜、近场光学显微镜等。扫描探针显微镜都是靠一根原子线度的极细针尖在被研究物质的表面上方扫描，检测采集针尖和样品间的不同物理量，以此得到样品表面的形貌图像和一些有关的电化学特性。例如，扫描隧道显微镜检测的是隧道电流，而原子力显微镜测试的则是原子间的相互作用力等。

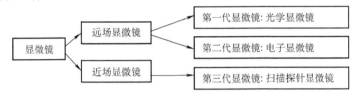

图 12-1　显微镜的发展历史

光学显微镜和电子显微镜都称之为远场显微镜，因为相对来说样品离成像系统有比较远的距离，成像的图像好坏基本上取决于仪器的质量。而扫描探针显微镜的工作原理是基于微观或介观范围的各种物理特性，探针和样品之间只有 2 ~ 3Å（1Å = 10^{-10}m）的距离，会产生相互的作用，是一种相互影响的耦合体系，我们称它为近场显微镜，它的成像质量不仅取决于显微镜本身，很大程度上还受样品本身和针尖状态的影响。

【实验目的】

1. 学习和了解原子力显微镜的结构和原理。

2. 学习原子力显微镜（AFM）的操作和调试过程，并以之来观察样品表面形貌。

【实验原理】

扫描隧道显微镜工作时要检测针尖和样品之间隧道电流的变化，因此它只能直接观察导体和半导体的表面结构。而在研究非导电材料时必须在其表面覆盖一层导电膜，导电膜的存在往往掩盖了样品表面结构的细节。为了弥补扫描隧道显微镜不能在绝缘表面工作的不足，1986 年 Binnig、Quate 和 Gerber 发明了第一台原子力显微镜（AFM）。

原子力显微镜是将一个对微弱力极敏感的微悬臂一端固定，另一端有一微小的针尖，针尖与样品的表面轻轻接触，由于针尖尖端原子与样品表面原子间存在极微弱的排斥力（10^{-8} ~ 10^{-6}N），通过扫描时控制这种力的恒定，带有针尖的微悬臂将对应于针尖与样品表面原子间作用力的等位面而在垂直于样品的表面方向起伏运动。利用光学检测法可以测得微悬臂对应于扫描各点的位置变化，从而可以获得样品表面形貌的信息。

AFM 的常用工作模式包括接触模式、横向力模式、轻敲模式、相移模式和抬起模式。下面简单介绍一下接触模式和轻敲模式。

接触模式：微悬臂探针紧压样品表面，扫描过程中与样品保持接触。该模式分辨率较高，但成像时探针对样品作用力较大，容易对样品表面形成划痕，或将样品碎片吸附在针尖上，适合检测表面强度较高、结构稳定的样品。

轻敲模式：在扫描过程中微悬臂被压电驱动器激发到共振振荡状态，样品表面的起伏使微悬臂探针的振幅产生相应变化，从而得到样品的表面形貌。由于该模式下针尖随着微悬臂的振荡，极其短暂地对样品进行"敲击"，因此横向力引起的对样品的破坏几乎完全消失，适合检测生物样品及其他柔软、易碎、易吸附的样品，但分辨率比接触模式较低。

【实验仪器】

1. AFM 的基本结构

AFM 包括减振系统、头部探测系统、电子学控制系统和计算机软件系统四部分，各部分的关系如图 12-2 所示。

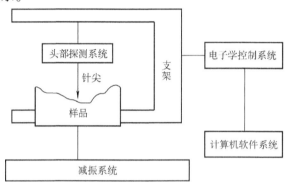

图 12-2　AFM 的基本构成示意图

2. 轻敲 AFM 的操作流程

注意：所有插件栏的操作都应当是鼠标单击。

（1）准备工作

1）放针尖（针尖是做在硅片上的，并且针尖向上，从双面胶上取针尖时，应用镊子慢慢晃动硅片，直至硅片取下，把硅片反方向粘在针尖架上），把针尖架插入探头（插入后针尖朝下）。

注意：在这个过程中任何东西碰上针尖都会导致针尖受损。

2）制备样品（尽量提前制备好样品，并进行干燥处理）。

注意：①用镊子操作，注意不要让镊子碰到样品表面；②做样品检查时，表面不能有明显沾污和灰尘。

（2）硬件操作

1）打开计算机。

2）开启控制箱电源。

3）打开软件，切换到在线工作模式（此时仪器会自动识别当前针尖类型，软硬件自动切换到相应工作模式，头部液晶屏也会立即显示出当前工作模式），如果此时想切换 X、Y、Z 的大小扫描范围，可以单击"新马达趋近"插件，选择好相应的扫描范围，关闭主程序，再切换到在线工作模式。

4）调光（打开"原子力光路调整"插件，关闭"自动扫频"和"起振"）。

① 粗调探测头部上方的两个旋钮，让激光光斑大约打在针尖基座上，配合 CCD 调节。

② 调节探测头部上方的两个旋钮，让光斑打在所选针尖的末端，通常用一张小纸片放在四象接收器前判断光斑的位置和亮度，充分利用斜面导致的光斑位置变化。

③ 粗调探测头部侧面的两个旋钮，让光斑基本打在四象接收器中间。

④ 调节探测头部侧面的两个旋钮，并打开"原子力光路调整"插件，关闭"自动扫频"和"起振"，将光斑打在四象接收器正中间。

⑤ 将激光功率调至最小值（小于 3.0，2.0 ~ 2.5 为宜，尽量人工调节，不要用螺钉旋具），或者扫描精细样品时，可以选择精密模式。

5）寻共振峰。

① 打开"原子力光路调整"插件，添加"自动扫频"和"起振"，单击"复位"；

② 根据针尖参数选择共振峰的位置，通过拖动鼠标左键来缩小区域；

③ 在缩小范围的时候，如果遇上没有波形的情况，可以微调初始值，使得波形出现（扫频宽度以 1.8kHz 左右为宜，推荐 1.84kHz）；

④ 将波形放大到可以很容易选择的时候，就用 Ctrl + 鼠标左键单击确定共振频率；

⑤ 增加或减少"激振幅度"使得"振动能量"值为 30 ~ 50。

6）调节机箱旋钮，设定初始值（设定点在硬件状态栏中读数，反馈直接在旋钮上读数）。

① 设定点（阻尼）为硬件状态栏中"振动能量"值的 60%；

② 反馈 1.0 ~ 1.5（1.3 为宜）。

7）手动粗调使样品靠近针尖。（注意门板上的警示字样！）

注意：①转动粗调旋钮前请务必保证蝴蝶螺母是松开的，务必明确旋转方向和样品上升和下降的关系。②手动调节样品底座高度，用放大镜观察，针尖与样品距离为 0.2 ~ 0.3mm 最佳，注意不要有回调动作，观察"Z 偏置"的指示条是否过头（过头则表明针尖撞上样品了，必须重新剪针尖）。③为保证结构刚性，请上升完样品后锁住蝴蝶螺母。

（3）在线软件操作

1）单击"新马达趋近"插件图标，开始自动马达趋近（马达自动趋近的步数为 12000 ~ 20000，超过 25000 则需复位重新手动调节后再用马达自动趋近）。

注意：轻敲模式容易产生"假趋近"，判断假趋近的方法是：①马达趋近到位后，将设定点减小，看"硬件状态栏"中"Z 偏置"的平衡条是否退出，如果退出就是假趋近，此时继续马达趋近就可以消除假趋近；②观察振动能量是否接近 0，如果接近 0，则让马达退出 1000 步，打开"原子力光路调整"插件，当共振峰出现后，关闭"原子力光路调整"插件，重新趋近。

2）单击"新图像扫描"插件图标，开始"恒流模式"扫描前设置以下参数。

① 根据所感兴趣的样品特征，设定扫描范围。

② 调整扫描速度（扫描速度太快会损害针尖和样品），速度单位：s/行。

③ X、Y 偏置复位。

④ 打开算法；"高差"通道就将"反向"和"斜面校正"都勾上，其他通道只勾上"斜面校正"。

⑤ 角度调整为 0°或者 90°。

⑥ 添加样品说明。双击主程序标题栏上的"样品说明"弹出对话框，在样品说明栏中添加样品说明，单击"修改"按钮完成修改。

⑦ 设置数据采集通道，如果有相移模式，可将一个通道设置成"场像"，并且通过调整"相位平衡"，使得"场像"状态值基本为 0。

⑧ 设置保留路径。

⑨ 设置采样点数（默认为 256 * 256）。

参数设置完后开始"恒流模式"扫描。

注意：①通常都采用恒流模式扫描；②点开始扫描时，计算机会执行预扫描，此时不要操作软件、硬件；③扫描过程中，不要碰头部，如果要通过 XY 平台移动样品，请将 Z 马达至少复位 5000 步；④如果发现激光功率值明显改变（由于光斑和针尖的热漂移），或起伏力、侧向力饱和（为 ±83），则需要将 Z 马达退出 5000 步，并重新调光。

3）开始扫描后，点四个通道的"适应"按钮，根据图像选择"线/面适应"。

4）保留、保存数据；第一次点"保留"后，在主程序右上方的"文件名前缀"旁边的空白输入框中对新建立的文件夹命名。

5）根据图像情况及特征，调整参数，重复上述过程。（注意：在参数改变前，一般需要停止扫描。）

（4）结束硬件操作

1）扫描完毕，停止扫描。

2）执行马达复位命令。

3）调节机箱旋钮，恢复到初始值。

4）手动调节样品底座，退离针尖，取下样品。（注意：退离时务必保证松开蝴蝶螺母。）

5）关闭程序，关闭控制箱电源，关闭计算机。

【实验内容及数据处理】

1. 用轻敲 AFM（原子力显微镜）得到条纹光栅样品的图像。

2. 对所得条纹光栅样品的图像进行离线分析处理，得到样品的光栅常数和三维图像。

【注意事项】

1. 本仪器是高精度精密测量仪器，要严格遵守操作规程。

2. 手动调节样品底座向针尖趋近时，一定要慢慢趋近，不得回调，并保证趋近和退离针尖时松开蝴蝶螺母。

3. 操作时，手要稳，动作要轻，要细心仔细。

【思考题】

1. 用原子力显微镜（AFM）测量原子间相互作用力的基本原理是什么？

2. AFM 的接触模式和轻敲模式各适用于什么场合？

实验十三　扫描隧道显微镜（STM）观察光栅表面形貌

实验背景请见"原子力显微镜（AFM）观察光栅表面形貌。"

【实验目的】

1. 学习和了解扫描隧道显微镜（STM）的原理和结构。

2. 学习扫描隧道显微镜（STM）的操作和调试过程，并以之来观察样品表面形貌。

【实验原理】

扫描隧道显微镜（STM）是将原子线度的极细探针和被研究物质的表面作为两个电极，当样品与针尖的距离非常接近（通常小于 1nm）时，在外加电场的作用下，电子会穿过两个电极之间的势垒流向另一电极。由于隧道电流（纳安级）随距离而剧烈变化，让针尖在同一高度扫描材料表面，而表面那些由于"凸凹不平"的原子所造成的电流变化，通过计算机处理，便能在显示屏上看到材料表面三维的原子结构图。STM 具有空前的高分辨率（横向可达 0.1nm，纵向可达 0.01nm），它能直接观察到物质表面的原子结构图，从而把人们带到了纳观世界。

【实验仪器】

1. STM 的基本结构

STM 的基本结构同原子力显微镜（AFM）完全一致，可参考图 12-2。

2. STM 的操作流程

注意：所有插件栏的操作都应当是鼠标单击。

（1）准备工作

1）清洗剪刀、镊子、探针（初次使用要清洗 3 次，清洗时注意朝一个方向，且清洗剪刀时不要使丙酮溶液接触到剪刀轴部，以免溶解机油）；剪针尖（剪刀和铂铱丝约成 30°角，剪时伴有向外剥离的动作）。

2）放针尖，把针尖架插入探头（露在外面 3 ~ 5mm）。

注意：①针尖稍微弯曲，插入针尖架上的细管中，以不掉出来为好。②为了防止丙酮溶液对针尖架部分的损伤，应当等探针上的丙酮挥发后再放入针尖管套上。

3）制备样品（尽量提前制备好样品，并进行干燥处理）。

4）放样品到载物台（用镊子操作，注意不要让镊子碰到样品表面）。

（2）硬件操作

1）打开计算机。

2）开启控制箱电源。

3）打开软件，切换到在线工作模式（此时仪器会自动识别当前针尖类型，软硬件自动切换到相应工作模式，头部液晶屏也会立即显示出当前工作模式），如果此时想切换 X、Y、Z 的大小扫描范围，可以单击"新马达趋近"插件，选择好相应的扫描范围，关闭主程序，再切换到在线工作模式。

4）调节机箱旋钮，设定初始值（设定点、针尖偏压在硬件状态栏中读数，反馈直接在旋钮上读数）。

① 设定点（电流）1.5 ~ 2.0（1.8 为宜）。

② 偏压 -0.15 ~ -0.25（-0.2 为宜）。

③ 反馈 1.0 ~ 1.5（1.3 为宜）。

5）手动粗调使样品靠近针尖。（注意门板上的警示字样！）

注意：①转动粗调旋钮前请务必保证蝴蝶螺母是松开的，务必明确旋转方向和样品上升和下降的关系。②手动调节样品底座高度，用放大镜观察，针尖与样品距离为 0.2 ~ 0.3mm 最佳，注意不要有回调动作，观察"Z 偏置"的指示条是否过头（过头则表明针尖撞上样品了，必须重新剪针尖）。③为保证结构刚性，请上升完样品后锁住蝴蝶螺母。

（3）在线软件操作

1）单击"新马达趋近"插件图标，开始自动马达趋近（马达自动趋近的步数为 12000 ~ 20000，超过 25000 则需复位重新手动调节后再用马达自动趋近）。趋近结束后，如果"Z 偏置"的指示条到达中间并发生严重抖动，则可能是针尖吸附颗粒或样品表面受到污染，再或者是样品表面有水膜，需退回，也可对样品换位置或对针尖进行清洗。

2）单击"新图像扫描"插件图标，开始"恒流模式"扫描前设置以下参数。

① 根据所感兴趣的样品特征，设定扫描范围。

② 调整扫描速度。

③ X、Y 偏置复位。

④ 打开算法；"高差"通道就将"反向"和"斜面校正"都勾上，其他通道只勾上"斜面校正"。

⑤ 角度调整为 0°或者 90°。

⑥ 添加样品说明。双击主程序标题栏上的"样品说明"弹出对话框，在样品说明栏中添加样品说明，单击"修改"按钮完成修改。

⑦ 设置数据采集通道，把右上角通道模式换成"隧道电流"。

⑧ 设置保留路径。

⑨ 设置采样点数（默认为 256 * 256）。

参数设置完后开始"恒流模式"扫描，开始扫描后点每个数据通道的"适应"。

3）保留、保存数据。

（4）结束硬件操作

1）扫描完毕，停止扫描，执行马达复位命令。

2）手动调节样品底座，退离针尖，取下样品。（注意：退离时务必保证松开蝴蝶螺母。）

3）关闭程序，关闭控制箱电源，关闭计算机。

【实验内容及数据处理】

1. 用 STM（扫描隧道显微镜）得到条纹光栅样品的图像。

2. 对所得条纹光栅样品的图像进行离线分析处理，得到样品的光栅常数和三维图像。

【注意事项】

1. 本仪器是高精度精密测量仪器，要严格遵守操作规程。

2. 手动调节样品底座向针尖趋近时，一定要慢慢趋近，不得回调，并保证趋近和退离针尖时松开蝴蝶螺母。

3. 操作时，手要稳，动作要轻，要细心仔细。

【思考题】

1. 仪器中加在针尖和样品间的偏压是起什么作用的，针尖偏压的大小对实验结果有什么影响？

2. 在实验中，对隧道电流大小的设定意味着什么？

实验十四 低温巨磁阻效应实验

磁电阻效应是指材料的电阻率在外磁场的作用下发生改变的现象。这一现象早在 1856 年就已被发现，但因为磁电阻效应微弱，并没有引起重视。近年来，具有较大磁电阻效应的巨磁阻（GMR）和超巨磁阻（CMR）材料相继被发现，一般磁阻是物质的电阻率在磁场中产生轻微的变化，但在某种条件下，这种变化可以相当大，此即巨磁阻（GMR）现象；在很强的磁场中某些绝缘体会突然变为导体，此即超巨磁阻（CMR）现象。因 GMR 现象及相关材料具有很大的商业价值，并且在信息存储技术中展现了很好的应用前景，所以吸引了许多国家投入开发这一领域。磁电阻效应引起了科技工作者的广泛关注，成为凝聚态物理和材料学中的一个重要的研究热点。

【实验目的】

1. 初步了解正常磁电阻、各向异性磁电阻、巨磁电阻、隧道磁电阻、超大磁电阻现象。
2. 掌握四端法测量电阻的原理和方法。
3. 熟悉低温控制设备、PEM - 3010 电磁铁、YJ - 200V20A 稳流源等设备的使用方法。
4. 掌握测量磁场的方法。

【实验原理】

1. 磁电阻效应

磁电阻效应是指材料的电阻率在外磁场的作用下发生改变。磁电阻（MR）的大小有

$$\frac{R(H) - R(0)}{R(0)} \times 100\% \tag{14-1}$$

$$\frac{R(H) - R(0)}{R(H)} \times 100\% \tag{14-2}$$

两种表示方式。$R(0)$ 和 $R(H)$ 分别代表零磁场和加磁场时的电阻数值。根据材料和机理的不同，磁电阻效应分为以下几种。

（1）正常磁电阻效应（OMR）。正常磁电阻效应是指传统的磁电阻效应。在这种磁电阻效应中，电阻随着磁场的增加而增大。在低场下磁电阻近似与磁场成正比，但一般数值较小。

（2）各向异性磁电阻效应（AMR）。在一些强磁性金属和合金中，电阻既依赖于磁化方向，也依赖于测量方向（电流方向），称这种现象为各向异性磁电阻效应。令平行于磁场方向的电阻率为 $\rho_{//}$，垂直于磁场方向的电阻率为 $\rho_{\perp}$，理想退磁状态下的电阻率为 ρ_0，则 $AMR = \frac{(\rho_{//} - \rho_{\perp})}{\rho_0}$。AMR 一般比较小，但由于它的饱和场比较小（$H_s \approx 10Oe$，$1Oe = 79.5775A/m$），因此磁场灵敏度（$K = MR/\Delta H$）很高，在读出磁头及各类传感器中有广泛应用。

（3）巨磁电阻效应（GMR）。巨磁电阻效应主要是指金属多层膜和金属颗粒膜中的磁电阻效应。在铁磁金属薄膜（简称磁层）和弱磁（或非磁性）金属薄膜（简称非磁层）交替生长的金属多层膜结构中，磁层内的磁化矢量分布于膜面内，不同磁层的磁矩通过层间的

RKKY 交换作用反铁磁耦合。层间的反铁磁耦合作用越强，饱和磁化所需要的磁化场越高，因此通常用饱和磁化场 H_s 来衡量层间反铁磁耦合作用的强弱。1990 年，人们发现这种反铁磁耦合强度随非磁层厚度 t 的增加而振荡衰减。

1988 年，人们观察到反铁磁耦合的 Fe/Cr 金属多层膜具有很大的负的磁电阻效应，并且磁电阻与非磁层的厚度也呈现一种振荡衰减的规律。后来发现在其他类似的多层膜中大多也具有 GMR 效应。

（4）隧道磁电阻效应（TMR）。当用绝缘层（金属氧化物）代替 TMR 结构中的非磁层时，也存在与 GMR 相似的近邻磁层间的反铁磁耦合磁电阻效应。在这里，电子是靠隧道效应穿过绝缘层，因此称为隧道磁电阻效应（TMR）。TMR 效应的饱和磁场非常低，所以磁场灵敏度 K 很高。另外，磁隧道结这种结构本身电阻率很高、能耗小、性能稳定，因而在磁性随机存储器方面具有很好的应用前景。

（5）超大磁电阻效应（CMR）。超大磁电阻效应是在钙钛矿型锰氧化物等氧化物中发现的一类磁电阻效应。1970 年，首先在单晶 $La_{0.69}Pb_{0.31}MnO_3$ 中发现了 20% 的磁电阻。随后人们陆续在其他的钙钛矿型锰氧化物中发现了越来越高的磁电阻效应，到 1994 年，在外延生长的 $La_{1-x}Ca_xMnO_3$ 薄膜中得到的磁电阻效应数值达到 10^5% 量级。CMR 的特点是随着温度的变化，磁电阻存在极值，且极值对应的温度多低于室温。另外一个特点是 CMR 的饱和磁场较高，一般需要几个特斯拉。

磁电阻效应的应用主要体现在高密度信息存储方面。传统的用于磁记录的读出磁头是利用磁感应原理读出信号的，信号大小与磁头相对于记录介质的速度成正比。记录密度越高，读出信号越小，磁头的灵敏度下降。而基于磁电阻效应的磁头则不存在这方面的问题。基于 TMR 效应的磁随机存储器（MRAM）是磁电阻效应的另一个重要应用。MRAM 的优点一是非挥发性，即关闭电源后信息不会丢失；二是读写速度快。

2. 电阻测量方法

对于一般阻值较高的电阻的测量，原则上可以采用两端法，即给样品通一电流，测量该电阻两端电压，电压除以电流即为电阻。两端法中，只需两根导线与样品连接。虽然在整个测量回路中存在导线电阻和接触电阻，但因为样品的阻值较高，对电阻测量的影响可以忽略。如果待测样品电阻率较低，导线电阻和接触电阻的影响变得突出，甚至比样品电阻本身还要大，此时两端法不再适用，应采取四端法。四端法的测量方式如图 14-1 所示，已知通过待测电阻的电流为 I，如果测量得到了待测电阻上的电压为 U_x，则待测电阻的阻值为

$$R_x = \frac{U_x}{I} \qquad (14-3)$$

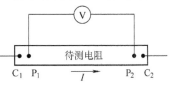

图 14-1　四端接法电路图

四端接法的基本特点是恒流源通过两个电流引线极 C_1、C_2 将电流供给待测低值电阻，而数字电压表则通过两个电压引线极 P_1、P_2 来测量在待测电阻上所形成的电位差 U_x。由于两个电流引线极在两个电压引线极之外，因此可排除电流引线极接触电阻和引线电阻对测量的影响。又由于数字电压表的输入阻抗很高，因此电压引线极接触电阻和引线电阻对测量的影响可忽略不计。

电阻 R 与电阻率 ρ 有如下关系：

$$R = \rho \frac{l}{S} \tag{14-4}$$

式中，l 为待测电阻的长度；S 为待测电阻的横截面积。

如果待测电阻的直径为 d，则电阻率

$$\rho = \frac{\pi d^2}{4l} R \tag{14-5}$$

通过测定 d、l 和 R，即可求得待测电阻的电阻率。

四端法中的四根引线并非只能直线排列，也可采用范德堡接法。四根引线对称分布，测量时，在 a、b 两极之间通以电流，在 c、d 两极之间测量电压。如果样品为厚度 t 较小的薄片状样品，则电阻率可由下式计算得到：

$$\rho = \frac{\pi t}{I f \ln 2} U$$

式中，f 为形状因子，对于对称分布的引线 $f \approx 1$。

【实验仪器】

本实验装置由低温样品室、温度控制器、磁场控制部分、电阻测量部分等组成。磁场控制部分由 PEM – 3010 电磁铁、YJ – 200V20A 稳流源及 XG 型特斯拉仪组成。电阻测量部分由电流源和数字万用表构成。

低温部分是将样品和加热丝安放在由导热良好的紫铜制成的冷指上，上方是盛有液氮的保温装置，调整液氮流量调整旋钮，可调整流入冷指内的液氮的流量。在液氮的流量基本稳定后，通过调节加热丝的加热功率，可获得 90 ~ 320K 的各种温度。温度变化范围较大时，要适当调整液氮的流量。样品接线采用范德堡接法，用压铟技术将四根引线焊在样品上。样品用导热硅胶粘在恒温器内冷指上，温度用铜-康铜热电偶温度计测量。

磁场及控制单元由电磁铁和电源组成，磁场从 0 至 2.0T 可以连续调节，并可改变方向。磁场的测量采用特斯拉计。

电阻测量单元由高精度的恒流源和电压表组成。样品的电流由恒流源提供，样品电压由数字电压表测量。

【实验内容】

调整 YJ – 200V20A 稳流源使 PEM – 3010 电磁铁获得稳定磁场。将焊好电极的锰氧化物样品用导热硅胶粘在低温恒温器的冷指上，注入液氮，待温度下降到 90K 后，插入液氮调整杆，将调整旋钮顺时针旋到底，随后反向旋转约 720°。起动加热系统，样品温度开始上升，改变温度分别测定两种磁场情况下的电阻值。在测量过程中，如果温度上升缓慢或过快，应适当调整液氮流量。

在不同的温度下，测量锰氧化物的电阻率随着外加磁场的变化，计算电阻率 $[\rho(0) - \rho(H)]/\rho(0)$ 和 $[\rho(0) - \rho(H)]/\rho(H)$。作电阻及磁电阻与温度的关系曲线，并分析。

注意热电势对测量的影响。测量过程中，样品难免会存在温度梯度，由此引起的热电势会叠加在测量结果中。热电势的方向一般只与样品上的温度梯度方向有关，因此改变样品电流的方向，取两次测量的电压平均值，就可以消除热电势。消除热电势的另一种方法是切断电流，电压表显示的就是热电势，在测量结果中减掉该值即可。

【注意事项】

1. 磁场控制部分由 PEM – 3010 电磁铁、YJ – 200V20A 稳流源构成，稳流源电流、电压要缓慢增加。换向时按钮应先拨到零，然后再拨到相反方向。

2. 由于电流要达到十几安培，要注意用电安全。

3. 向低温容器注入液氮时，需先抽空气，然后使液氮缓慢流入。

4. 注入液氮时要戴棉手套，一旦液氮溅射到皮肤上请立即用清水冲洗。

5. 样品易潮解，使用后应及时封存。

【思考题】

1. 电阻的测量为什么要采用四端法？

2. 有哪些因素会影响测量结果？

实验十五　真空的获得与真空镀膜系列实验

　　压强低于一个标准大气压的稀薄气体空间称为真空。真空分为自然真空和人为真空。自然真空：气压随海拔高度增加而减小，存在于宇宙空间。人为真空：用真空泵抽掉容器中的气体。1643 年，意大利物理学家托里拆利（E. Torricelli）首创了著名的大气压实验，获得了真空。

　　在真空状态下，由于气体稀薄，分子之间或分子与其他质点之间的碰撞次数减少，分子在一定时间内碰撞于固体表面上的次数亦相对减少，这导致一系列新的物化特性的产生，诸如热传导与对流小，氧化作用少，气体污染小，气化点低，高真空的绝缘性能好等。真空技术是基本实验技术之一，在近代尖端科学技术，如表面科学、薄膜技术、空间科学、高能粒子加速器、微电子学、材料科学等领域中都占有重要的地位，在工业生产中也有日益广泛的应用。

　　薄膜技术在现代科学技术和工业生产中有着广泛的应用。例如，光学系统中使用的各种反射膜、增透膜、滤光片、分束镜、偏振镜等；电子器件中用的薄膜电阻，特别是平面型晶体管和超大规模集成电路也依赖于薄膜技术来制造；硬质保护膜可使各种经常受磨损的器件表面硬化，大大增强表面耐磨程度；在塑料、陶瓷、石膏和玻璃等非金属材料表面镀以金属膜具有良好的美化装饰效果，有些合金膜还起着保护层的作用；因为磁性薄膜具有记忆功能，可在计算机中用作存储记录介质从而占有重要地位。

　　薄膜制备的方法主要有真空蒸发、溅射、分子束外延、化学镀膜等。真空镀膜，是指在真空条件中采用蒸发和溅射等技术使镀膜材料气化，并在一定条件下使气化的原子或分子牢固地凝结在被镀的基片上形成薄膜。真空镀膜是目前用来制备薄膜最常用的方法。

【实验目的】

　　1. 了解真空技术的基本知识。

　　2. 掌握低、高真空的获得和测量的基本原理及方法。

　　3. 了解真空镀膜的基本知识。

　　4. 学习掌握真空镀膜的基本原理和方法。

【实验原理】

1. 真空度与气体压强

　　真空度是对气体稀薄程度的一种客观度量，单位体积中的气体分子数越少，表明真空度越高。由于气体分子密度不易度量，通常用气体压强来表示真空度，压强越低真空度越高。在国际单位制（SI）中，压强单位是 N/m^2，称为帕斯卡，简称帕，符号是 Pa。

　　真空量度单位换算：1 标准大气压 = 760mmHg = 1.013×10^5Pa = 760Torr，1Torr = 133.3Pa。

　　通常按照气体空间的物理特性及真空技术应用特点，将真空划分为几个区域，见表15-1。

表 15-1　真空区域划分

低真空	$10^5 \sim 10^3\,\mathrm{Pa}$
中真空	$10^3 \sim 10^{-1}\,\mathrm{Pa}$
高真空	$10^{-1} \sim 10^{-6}\,\mathrm{Pa}$
超高真空	$10^{-6} \sim 10^{-12}\,\mathrm{Pa}$

2. 真空的获得——真空泵

1654 年，德国物理学家格里克发明了抽气泵，做了著名的马德堡半球实验。

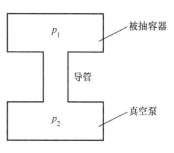

图 15-1　真空泵抽气原理图

用来获得真空的设备称为真空泵，真空泵抽气原理图如图 15-1 所示，当泵工作后，形成压差（$p_1 > p_2$），便实现了抽气。真空泵按其工作机理可分为排气型和吸气型两大类。排气型真空泵是利用内部的各种压缩机构，将被抽容器中的气体压缩到排气口，而将气体排出泵体之外，如机械泵、扩散泵和分子泵等。吸气型真空泵则是在封闭的真空系统中，利用各种表面（吸气剂）吸气的办法将被抽空间的气体分子长期吸着在吸气剂表面上，使被抽容器保持真空，如吸附泵、离子泵和低温泵等。

真空泵的主要性能由下列指标衡量：

1）极限真空度：无负载（无被抽容器）时泵入口处可达到的最低压强（最高真空度）。

2）抽气速率：在一定的温度与压力下，单位时间内泵从被抽容器抽出气体的体积，单位 L/s（升/秒）。

3）启动压强：泵能够开始正常工作的最高压强。

下面介绍一下机械泵和扩散泵。

（1）机械泵。机械泵是运用机械方法不断地改变泵内吸气空腔的容积，使被抽容器内气体的体积不断膨胀压缩从而获得真空的泵，机械泵的种类很多，目前常用的是旋片式机械泵。

图 15-2a 是旋片式机械泵结构示意图，它由一个定子和一个偏心转子构成。定子为一圆柱形空腔，空腔上装着进气管和出气阀门，转子顶端保持与空腔壁相接触，转子上开有槽，槽内安放了由弹簧连接的两个刮板。当转子旋转时，两个刮板的顶端始终沿着空腔的内壁滑动。整个空腔放置在油箱内。工作时，转子带着旋片不断旋转，从而就有气体不断排出，完成抽气作用。旋片旋转时的几个典型位置如图 15-2b ~ e 所示。当刮板通过进气口（图 15-2b 所示的位置）时开始吸气，随着刮板的运动，吸气空间不断增大，到图 15-2c 所示位置时达到最大。刮板继续运动，当运动到图 15-2d 所示位置时，开始压缩气体，压缩到压强大于一个大气压时，排气阀门自动打开，气体被排到大气中，如图 15-2e 所示。之后就进入下一个循环，整个泵体必须浸没在机械泵油中才能工作，泵油起着密封润滑和冷却的作用。

机械泵可在大气压下启动正常工作，其极限真空度可达 $10^{-1}\,\mathrm{Pa}$，它取决于：①定子空间中两空腔间的密封性，因为其中一空间为大气压，另一空间为极限压强，密封不好将直接影响极限压强；②排气口附近有一"死角"空间，在旋片移动时它不可能趋于无限小，因此不能有足够的压力去顶开排气阀门；③泵腔内密封油有一定的蒸气压（室温时约为 $10^{-1}\,\mathrm{Pa}$）。

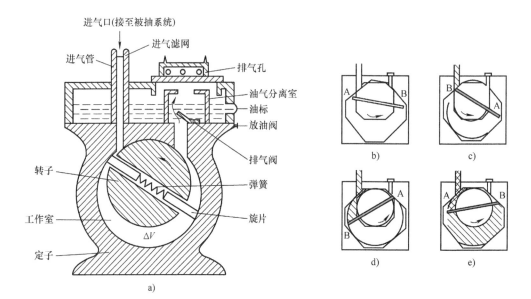

图 15-2　旋片式机械泵结构示意图

使用旋片式机械泵时必须注意以下几点：

1）启动前先检查油槽中的油液面是否达到规定的要求，机械泵转子转动方向与泵的规定方向是否符合（否则会把泵油压入真空系统）。

2）机械泵停止工作时要立即让进气口与大气相通，以清除泵内外的压差，防止大气通过缝隙把泵内的油缓缓地从进气口倒压进被抽容器（"回油"现象）。这一操作一般都由机械泵进气口上的电磁阀来完成，当泵停止工作时，电磁阀自动使泵的抽气口与真空系统隔绝，并使泵的抽气口接通大气。

3）泵不宜长时间抽大气，否则会因长时间大负荷工作使泵体和电动机受损。

（2）扩散泵。扩散泵是利用气体扩散现象来抽气的，最早用来获得高真空的泵就是扩散泵，目前依然被广泛使用。油扩散泵的工作原理不同于机械泵，其中没有转动和压缩部件。它的工作原理是通过电炉加热处于泵体下部的专用油，沸腾的油蒸气沿着伞形喷口高速向上喷射，遇到顶部阻碍后沿着外周向下喷射，此过程中与气体分子发生碰撞，使得气体分子向泵体下部运动进入前级真空泵。扩散泵泵体通过冷却水降温，运动到下部的油蒸气与冷的泵壁接触，又凝结为液体，循环蒸发。为了提高抽气效率，扩散泵通常由多级喷油口组成（三四个），图 15-3 是一个具有三级喷嘴的扩散泵结构示意图，这样的泵也称为多级扩散泵。扩散泵具有极高的抽气速率，高速定向喷射的油分子在喷嘴出口处的蒸气流中形成一低压，将扩散进入蒸气流的气体分子带至泵口被前级泵抽走，而油蒸气在到达泵壁后被冷却水套冷却后凝

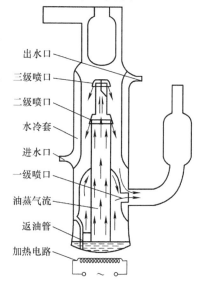

图 15-3　三级喷嘴油扩散泵

聚，返回泵底再被利用。由于射流具有工作过程高流速（200m/s）、高密度、高分子量（300~500），故能有效地带走气体分子。扩散泵不能单独使用，一般采用机械泵为前级泵，以满足出口压强（最大40Pa），如果出口压强高于规定值，抽气作用就会停止，因为在这一压强下，可以保证绝大部分气体分子以定向扩散形式进入高速蒸气流。此外，若扩散泵在较高空气压强下加热，则会导致具有大分子结构的扩散泵油分子的氧化或裂解。油扩散泵的极限真空度主要取决于油蒸气压和反扩散两部分，目前一般能达到 10^{-5} ~ 10^{-7}Pa。根据扩散泵的工作原理，可以知道扩散泵要有效工作一定要有冷水辅助，因此实验中一定要特别注意冷却水是否通畅和是否有足够的压力。另外，扩散泵油在较高的温度和压强下容易氧化而失效，所以不能在低真空范围内开启油扩散泵。油扩散泵一个不容忽视的问题是扩散泵泵油反流进入真空腔室造成污染，对于清洁度要求高的材料制备和分析过程，这样的污染是致命的，所以现在的高端材料制备、分析设备都采用无油真空系统，避免油污染。

通常的真空系统不是只有一种真空泵在工作，而是由至少两级真空泵组成的。本实验中真空系统由两级构成，前级泵是旋片式机械泵，二级泵是油扩散泵。

3. 真空的测量

真空的测量就是对真空环境气压的测量，考虑到真空环境的特殊性，真空的准确测量是困难的，尤其是高真空和超高真空环境的测量。一般解决思路是先在真空中引入一定的物理现象，然后测量这个过程中与气体压强有关的某些物理量，最后根据特征量与压强的关系确定出压强。对于不是很高的真空，可以通过压强计直接测量，这样的真空计叫作初级真空计或者绝对真空计；中度以上真空需要间接测量，这样的真空计叫作次级真空计或者相对真空计。

测量真空度的装置称为真空计。真空计的种类很多，根据气体产生的压强、气体的黏滞性、动量转换率、热导率、电离等原理可制成各种真空计。由于被测量的真空度范围很广，一般采用不同类型的真空计分别进行相应范围内真空度的测量，常用的有热偶真空计和电离真空计。热偶真空计通常用来测量低真空，可测范围为 10 ~ 10^{-1}Pa，它是利用低压下气体的热传导与压强成正比的特点制成的。电离真空计是根据电子与气体分子碰撞产生电离电流随压强变化的原理制成的，测量范围为 10^{-1} ~ 10^{-6}Pa。

使用时要特别注意：当压强高于 10^{-1}Pa 或系统突然漏气时，电离真空计中的灯丝会因高温很快被氧化烧毁，因此必须在真空度达到 10^{-1}Pa 以上时，才能开始使用电离真空计。为了使用方便，常把热偶真空计和电离真空计组合成复合真空计。

本实验中用到的真空计是热电偶真空计和热阴极电离真空计，又叫作热偶规和电离规，其结构分别如图15-4所示。它们的工作原理分别简述如下。

（1）热偶规。在热偶规中，热丝的温度由一个细小的热电偶测量。热电偶就是由不同金属铰接构成的，当两个结构温度不同时，有温差电动势存在，也就是所谓的温差电效应。其测量过程是：在铂丝上加一定的电流，铂丝温度升高，热电偶出现温差电动势，它的大小可以通过毫伏计测量。如果加热电流是一定的，那么铂丝的平衡温度在一定的气压范围内取决于气体的压强，所以温差电动势也就取决于气体的压强。热电动势与压强的关系可以通过计算得出，形成一条校准曲线。考虑到不同气体的导热率不同，所以对于同一压强，温差电动势也是不同的（通常的热偶规采用的校准气体是空气或者氮气）。热偶规热丝由于长期处于较高的温度，受到环境气体的作用，故容易老化，所以存在显著的零点漂移和灵敏度变化，需要经常校准。

（2）电离规。常见的电离规的结构非常类似于三极管。热阴极灯丝加热后发射热电子，栅状阳极具有较高的正电压。热电子在栅状阳极作用下加速并被阳极吸收。由于栅状阳极的特殊形状，除了一部分电子被吸收外，其他的电子流向带有负电的板状收集极，再返回阳极。也就是说部分电子要来回往返几次才能最终被阳极吸收。可以想象，在电子运动的过程中，一定会与气体分子碰撞并电离，电离的阳离子被收集极吸收并形成电流。电子电流 I_e、阳离子电流 I_i 与气体压强之间满足如下关系：

$$p = \frac{1}{K}\frac{I_i}{I_e} \tag{15-1}$$

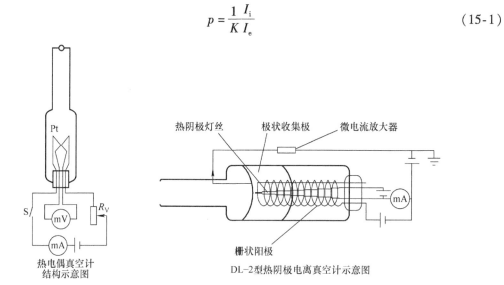

图 15-4　热偶规、电离规结构示意图

由此可以确定出气压，其中 K 为系数。对于真空度很高的情况，气体分子很稀薄，所以被电离的气体分子数目很小，因此需要配置微电流放大装置和灯丝稳流装置。电离规的线性指示区域是 $10^{-3} \sim 10^{-7}$ Torr。电离规是中高真空范围应用最广的真空计。低真空范围内，电离规的灯丝和阳极很容易被烧掉，所以一定要避免在低真空情况下使用电离规。

表 15-2 给出了常用真空计及其测量范围。

表 15-2　常用真空计及其测量范围

真空计名称	测量范围/Torr	真空计名称	测量范围/Torr
水银 U 形真空计	$760 \sim 0.1$	高真空电离真空计	$10^{-3} \sim 10^{-7}$
油 U 形真空计	$100 \sim 0.01$	高压强电离真空计	$1 \sim 10^{-6}$
光干涉油微压计	$10^{-2} \sim 10^{-4}$	B－A 超高真空电离计	$10^{-5} \sim 10^{-10}$
压缩真空计（一般型）	$10 \sim 10^{-5}$	分离规、抑制规	$10^{-9} \sim 10^{-13}$
压缩真空计（特殊型）	$10 \sim 10^{-7}$	宽量程电离真空计	$10^{-1} \sim 10^{-10}$
静态变形真空计	$760 \sim 1$	放射能电离真空计	$760 \sim 10^{-3}$
薄膜真空计	$10 \sim 10^{-4}$	冷阴极磁控放电真空计	$10^{-2} \sim 10^{-7}$
振膜真空计	$1000 \sim 10^{-4}$	磁控管型放电真空计	$10^{-4} \sim 10^{-8}$
热传导真空计 I	$1 \sim 10^{-3}$	克努曾真空计	$10^{-3} \sim 10^{-7}$
热传导真空计 II	$1000 \sim 10^{-3}$	分压强真空计	$10^{-3} \sim 10^{-5}$

注：1Torr = 133.3Pa

4. 蒸发镀膜

真空蒸发法就是把衬底材料放置到高真空室内，通过加热蒸发材料使之气化（或者称为升华），然后沉积到衬底表面而形成源物质薄膜的方法。

这种方法的特点是在高真空环境下成膜，可以有效防止薄膜的污染和氧化，有利于得到洁净、致密的薄膜，因此在电子、光学、磁学、半导体、无线电以及材料科学领域得到广泛的应用。

具体方法就是在真空中通过电流加热、电子束轰击加热和激光加热等方法，使薄膜材料蒸发成为原子或分子，它们随即以较大的自由程做直线运动，碰撞基片表面而凝结，形成一层薄膜。蒸发镀膜要求镀膜室内残余气体分子的平均自由程大于蒸发源到基片的距离，尽可能减少蒸发物的分子与气体分子碰撞的机会，这样才能保证薄膜纯净和牢固，蒸发物也不至于氧化。由分子动力学可知，气体分子的平均自由程为

$$\lambda = \frac{kT}{\sqrt{\pi}\sigma^2 p} \tag{15-2}$$

式中，k 为玻尔兹曼常量；T 为气体温度；σ 为气体分子有效直径；p 为气体压强。式（15-2）表明，气体分子的平均自由程与压强成反比，与温度成正比。在 25℃ 的空气情况下有

$$\lambda \approx \frac{6.6 \times 10^{-2}}{p} \text{ (m)} \tag{15-3}$$

对于蒸发源到基片的距离为 0.15～0.2m 的镀膜装置，镀膜室的真空度需在 10^{-2}～10^{-4} Pa 之间才能满足要求。蒸发镀膜时，薄膜材料被加热蒸发成为原子或分子，在一定的温度下，薄膜材料单位面积的质量蒸发速率由朗谬尔（Langmuir）导出的公式决定，即

$$G \approx 4.37 \times 10^{-3} p_V \sqrt{\frac{M}{T}} \quad (\text{kg} \cdot \text{m}^{-2} \cdot \text{g}^{-1}) \tag{15-4}$$

式中，M 为蒸发材料的摩尔质量；p_V 为蒸发材料的饱和蒸气压；T 为蒸发材料的温度。材料的饱和蒸气压随温度的上升而迅速增大，温度变化 10%，饱和蒸气压就要变化约一个数量级。由此可见，蒸发源温度的微小变化可引起蒸发速率的很大变化。因此，在蒸发镀膜过程中，要想控制蒸发速率，必须精确控制蒸发源的温度。

蒸发镀膜最常用的加热方法是电阻大电流加热，采用钨、钼、钽、铂等高熔点化学性能稳定的金属，做成适当形状的加热源，在其上装入待蒸发材料，让电流通过，对蒸发材料进行直接加热蒸发，或者把待蒸发材料放入氧化铝、氮化硼或石墨等坩埚中进行间接加热蒸发。例如蒸镀铝膜，铝的熔点为 659℃，到 1100℃ 时开始迅速蒸发，常选用钨丝作为加热源，钨的熔化温度为 3380℃。

在真空镀膜中，飞抵基片的气化原子或分子，除一部分被反射外，其余的被吸附在基片的表面上。被吸附的原子或分子在基片表面上进行扩散运动，一部分在运动中因相互碰撞而结聚成团，另一部分经过一段时间的滞留后，被蒸发而离开基片表面。聚团可能会与表面扩散原子或分子发生碰撞时捕获原子或分子而增大，也可能因单个原子或分子脱离而变小。当聚团增大到一定程度时，便会形成稳定的核，核再捕获到飞抵的原子或分子（或在基片表面进行扩散运动的原子或分子），就会生长。在生长过程中，核与核合成而形成网络结构，网络被填实即生成连续的薄膜。显然，基片的表面条件（例如清洁度和不完整性）、基片的温度以及薄膜的沉积速率都将影响薄膜的质量。

5. 离子溅射镀膜

离子溅射镀膜是利用气体放电产生的正离子在电场的作用下高速轰击作为阴极的靶，一方面使固体受到损伤，另一方面与构成固体原子相互碰撞，最后使固体表面的原子或分子向外部溅射，淀积到基片上，形成所需要的薄膜。用一个离子打击靶表面所溅射出来的原子数称为溅射率。溅射率大，膜层生成速度就快。溅射率与离子的能量、种类以及靶材料的种类有关。一般来说，溅射率随入射离子能量的增大而增大，贵重金属溅射率较高。

6. 干涉法测量膜厚

干涉法测量膜厚的理论基础是光的干涉效应。对于 3 ~ 2000nm 的膜厚，一般可采用干涉显微镜来测量。干涉显微镜可视为迈克尔逊干涉仪和显微镜的组合，其简化光路如图 15-5 所示。由光源发出的一束光经聚光镜和分光镜后分成强度相同的 B、C 两束光，分别经反射镜和样品反射后汇合发生干涉。两条光路光程基本相等，当它们间有一夹角时，就可能产生明暗相间的干涉条纹（等厚干涉）。将薄膜制成台阶状，则光束 C 中从薄膜反射和从基片表面反射的光程不同，它们和光束 B 干涉时，由于光程差而造成同一级次的干涉条纹平移，如图 15-6 所示。由此可求出台阶高度（即薄膜厚度）为

$$d = \frac{\Delta l}{l} = \frac{\lambda}{2} \tag{15-5}$$

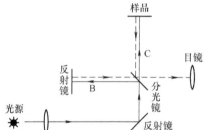

图 15-5　干涉显微镜光路图

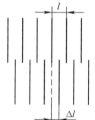

图 15-6　干涉条纹平移

式中，Δl 为同一级次干涉条纹（要认准）的移动距离；l 为明暗条纹间距，它们由测微目镜测出；λ 为单色光源的波长。由于单色光形成的是亮暗干涉条纹，难以确定条纹移动距离，故测量时必须选用白光光源，这样容易确定零级干涉条纹。因其零级条纹两侧是彩色的，便可明确测定条纹的移动距离，白光的平均波长取 $\lambda = 540$nm。

【实验仪器】

1. DH2010 型多功能真空实验仪

仪器结构图：

（1）真空室（见图 15-7）

（2）真空系统（见图 15-8）

（3）复合真空计面板（见图 15-9）

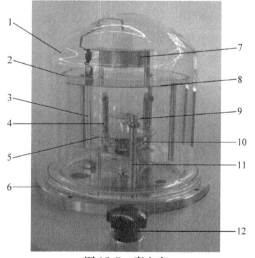

图 15-7　真空室

1—玻璃钟罩　2—蒸发衬套　3—高压电极　4—蒸发电极
5—蒸发基　6—真空室底板　7—溅射靶　8—溅射基片台
9—蒸发挡板　10—烘烤加热器　11—挡板转轴　12—挡板转轴旋钮

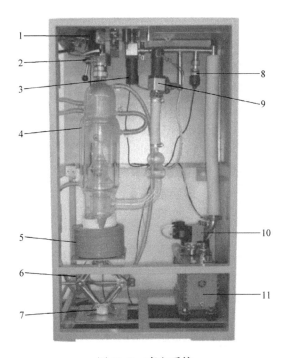

图 15-8　真空系统

1—充气阀　2—高真空蝶阀　3—低真空阀　4—扩散泵　5—扩散泵加热器
6—扩散泵冷却水进、出接口　7—加热器升降架　8—前级管路热偶规管
9—前级阀　10—机械泵放气阀　11—机械泵

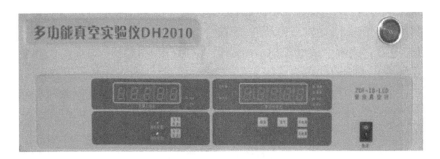

图 15-9　复合真空计面板

2. KYKY – SBC 2 型式样表面处理机（真空系统图见图 15-10）

【实验内容】

实验内容分为：利用 DH2010 型多功能真空实验仪中真空蒸发功能制备薄膜；利用 KYKY – SBC 2 型式样表面处理机中真空蒸发功能制备薄膜；利用 KYKY – SBC 2 型式样表面处理机中离子溅射功能制备薄膜。

1. 利用 DH2010 型多功能真空实验仪中真空蒸发功能制备薄膜

真空蒸发薄膜制备的基本工艺流程：用真空蒸发法在玻璃衬底上制备金属 A 薄膜，其基本工艺流程如图 15-11 所示。

实验前请仔细检查各开关的状态，应该处于关断状态。

（1）实验前准备

先仔细清洗真空镀膜室的玻璃钟罩，用吹风机将钟罩烘干。清洗衬底玻璃基板、钨丝和待蒸发的高纯铝丝，清洗镀膜工作室，将洗净的基片和铝丝放置在指定位置。将缠绕有蒸发物质（铝丝）的蒸发加热源（钨丝）固定到蒸发电极上，注意在固定的时候一定要水平，否则蒸发物质熔化后会向一侧流动，影响薄膜的均匀性，也影响薄膜的纯度。放置真空玻璃钟罩。检查循环水有没有接通，要求循环水管路接通并通水。

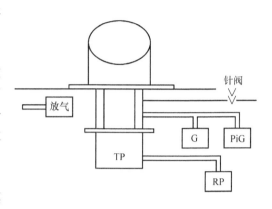

图 15-10　真空系统图

RP—机械泵　TP—分子泵　PiG—冷规　G—热偶

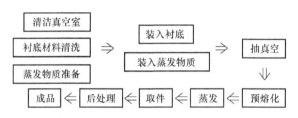

图 15-11　真空蒸发金属 A 薄膜工艺流程

（2）真空室抽真空

在启动系统前先检查冷却水有没有接通，要求循环水管路接通并通水。检查高真空蝶阀是否在关闭状态，要求关闭高真空蝶阀。

1）开启总电源，面板上的电源指示灯点亮（如果没有接通冷却水，仪器会启动断水报警，此时只要将冷却水接通即可消除报警），将控制面板上的工作选择开关打到机械泵，启动机械泵，机械泵开始工作。同时打开机械泵充气阀、低抽阀，对真空室进行粗抽。

2）开启复合真空计电源。此时热偶 Ⅱ 单元显示的是管路压力，复合真空计单元显示的是真空室内压力。

3）观察热偶计示数变化，当复合真空计单元测量的真空室真空度达到 5Pa 时（此时复合计单元通过热偶规管测量真空室压力），将工作选择开关打到扩散泵，此时关闭了低抽阀，打开前级阀（机械泵对扩散泵抽真空），当热偶 Ⅱ 单元显示的压力到 3Pa 时，将工作选择开关打到扩散泵工作，接通扩散泵加热电源（接通加热电源开关），接通电源后，通过 PID 温控器加热扩散泵。

4）加热 10min 左右，等扩散泵正常工作后，将高真空蝶阀打开，通过扩散泵对真空室抽气，当热偶测量真空室的压力到 1Pa 以下，真空计自动开启电高规管测量。

5）结合扩散泵的工作原理观察油扩散泵的工作过程。

6）扩散泵正常工作约 50min，在这段工作时间内，可通过开启基片加热电源对真空室内进行烘烤除气，一般烘烤温度控制在 200℃ 左右，同时可通过开启真空计面板上的除气按键，对电离规管进行除气，一般除气时间为 3min。

7）随真空度的增高，关闭真空计，可进行蒸镀铝膜实验。

（3）蒸镀铝膜

1）待真空室内的真空度达到10^{-3}Pa时，可开始蒸镀铝膜。（蒸镀铝膜的真空度一般在$2 \times 10^{-2} \sim 5 \times 10^{-3}$Pa范围都可以进行。）

2）将前面板上的电压选择开关打至"蒸发"档，通过调节电压调节旋钮调节蒸发电压，逐步调高蒸发电源的电流。缓慢升高加热电流，使得加热电流保持在20A左右，持续约3分钟，此时观察电离规，会发现系统真空度要经历一个先下降再上升的过程，原因是吸附在蒸发物质和蒸发加热源物质上的气体分子和少量的有机物燃物被解吸附并被真空机组抽出真空室。进一步升高加热电流到30～40A，仔细观察加热源物质，会发现在加热电流作用下其呈现暗红色，这时的温度大致有450℃。继续缓慢升高加热电流，蒸发源物质和蒸发物质的颜色逐渐呈现红色、明亮的红色，此时温度大致在600～700℃，当加热电流达到50A左右时，加热源物质和加热物质颜色呈现红白色，仔细观察蒸发源物质，其形态发生变化，表面出现软化情况，随着时间的持续，原本为固态的蒸发物质熔化并在蒸发加热物质上铺展开来。增大加热电流到75A并移开蒸发挡板，开始蒸发并计时。达到要求时间后迅速降低电流到0，蒸发过程结束。

3）一般情况下要求的真空度要满足的条件是：分子平均自由程是蒸发源物质与衬底间距的3倍以上，否则会影响样品的纯度。

4）蒸镀铝膜完毕后，将电压选择开关至"断"档，切断蒸发电源。

5）观察真空室压力的变化，记下真空室的压力。关闭高真空蝶阀。

6）将工作选择打到"扩散泵"档，当真空室真空度低于1Pa时，关闭电离规管测量，按一下"自动"按键，关闭自动测量功能，再按一下"关电离"按键，则关闭了电离规管测量，而转入热偶规管测量真空室压力。

7）记录真空室的压力与时间的关系，开始每隔2s记录一次，真空度变化慢时视情况延长测量时间间隔，直到真空度降低至10Pa数量级时，停止记录，绘制系统漏率曲线。

8）关机步骤：

① 此时扩散泵电源已关，工作选择处于"扩散泵"状态，高真空蝶阀处于关闭状态；机械泵继续工作，冷却水继续接通，对扩散泵内的泵油进行冷却。

② 机械泵继续工作，直到扩散泵油的温度低于50℃，同时管路真空度在帕数量级时，将工作选择打在"机械泵"。

③ 切断水源，关闭真空计电源。

④ 将工作选择打向"断"，接通充气电源开关，同时将面板上的流量计开启到最大流量，往真空室内充入大气，打开钟罩，取出样品、蒸发衬套。

⑤ 清洗真空室、蒸发衬套等附件，并用风机吹干净后将真空室安装好，将工作选择开关打至"机械泵"档，对真空室进行粗抽，打开真空计电源，当真空室压力在几帕数量级后，将工作选择开关打至"断"档，使真空室保持在真空状态。关闭真空计电源。

⑥ 切断总电源开关，拔下总电源插头。

9）先用刻蚀法制作薄膜台阶，然后用干涉显微镜测量薄膜厚度。

【注意事项】

为了蒸镀得到质量较好的薄膜，应当注意以下几个问题。

（1）注意基片表面保持良好的清洁度。被镀基片表面的清洁程度直接影响薄膜的牢固性和均匀性，基片表面的任何微粒、尘埃、油污及杂质都会大大降低薄膜的附着力。为了使薄膜有较好的反射光性能，基片表面应平整光滑。镀膜前基片必须经过严格的清洗和烘干。基片放入镀膜室后，在蒸镀前如有条件应进行离子轰击，以去除表面上吸附的气体分子和污染物，增加基片表面的活性，提高基片与膜的结合力。

（2）将材料中的杂质预先蒸发掉（"预熔"）。蒸发物质的纯度直接影响着薄膜的结构和光学性质，因此除了尽量提高蒸发物质的纯度外，还应设法使材料中蒸发温度低于蒸发物质的其他杂质预先蒸发掉，而不要使它蒸发到基片表面上。在预熔时用活动挡板挡住蒸发源，使蒸发材料中的杂质不能蒸发到基片表面。预熔时会有大量吸附在蒸发材料和电极上的气体放出，真空度会降低一些，故不能马上进行蒸发，应测量真空度并继续抽气，待真空度恢复到原来的状态后，方可移开挡板，加大蒸发电极的加热电流，进行蒸镀。

注意：只要真空室充过气，即使前次已"预熔"过或蒸发过的材料也必须重新预熔。

（3）注意使膜层厚度分布均匀。均匀性不好会造成膜的某些特征随表面位置的不同而变化。让蒸发源与基片的距离适当远些，使基片在蒸镀过程中慢速转动，同时使工件尽量靠近转动轴线放置。

（4）扩散泵连续工作时，落下钟罩后必须先对钟罩抽低真空，当达到 6～7Pa 后再开高阀，绝对不容许直接抽高真空，以避免扩散泵油氧化。

（5）若中途突然停电，应立即将工作选择开关打至"断"，切断高真空测量，关闭高真空蝶阀，来电后，待机械泵工作 2～3min，再恢复正常工作。

（6）镀膜工作进行 2～3 次后，必须及时清洗镀膜室内零件，避免蒸发物质大量进入真空系统而损害真空性能。采用酒精清洗，清洗干净后用热吹风机将各零部件吹干，装配时应注意保持清洁。

（7）各真空元件及仪表的维修保养参阅其说明书。

【思考题】

（1）机械泵的极限真空度是如何产生的？能否克服？

（2）油扩散泵的启动压强应为多少？为什么？

（3）用热偶计测高真空、用电离计测低真空行不行？如果不做成复合真空计，应怎样避免电离计被烧坏？

（4）关机时为何要将大气放入机械泵？

（5）进行真空镀膜为什么要求有一定的真空度？

（6）为了使膜层比较牢固，需对基片进行什么处理？

2. 利用 KYKY-SBC 2 型式样表面处理机中真空蒸发功能制备薄膜

（1）清洗

1）用无水乙醇清洗要进行实验的零部件，并将玻璃钟罩进行清洗，必要时可用水清洗，最后用无水乙醇脱水、吹风机吹干，并将所需的零部件按照说明书安装好。

2）用无水乙醇清洗和烘干基片及蒸发的材料，放到相应的位置。为测量所镀薄膜厚度，薄膜必呈台阶状，采用玻璃片将基片的一部分表面挡住，使这部分基片镀不上薄膜来实现。接触的边缘必须很薄很平，并与基片紧密靠在一起，以便使台阶很陡，台阶面与底之间的过渡宽度 w 应尽量窄，如附图15-3所示。这是保证测量精度的关键之一，因为光学干涉显微镜的视场只有 0.25mm。

3）盖好玻璃钟罩，注意密封圈的密封性（必要时可用真空脂密封）。

（2）抽真空

1）检查操作面板开关（见图 15-12），将其放在初始位置上，设备开关状态如下：

①总电源开关的扳柄指向"电源"两字方向，即为"关"；

②③④按键，置三个键一样高，即为"关"；

⑤充气阀按顺时针方向拧紧；

⑥溅射开关置"关"状态，即扳柄指向下方；

⑦高压调节旋钮置最小处，即指向左下方"0"；

⑧蒸发电极选择开关指向"0"处，即为"关"；

⑨加热电流调节旋钮置最小处，即指向左下方；

⑩试样旋转开关置为"关"，即扳柄指向"样品旋转"字样方向。

⑪试样转速调节旋钮按逆时针方向拧到头，即为最小；

⑫挡板开关按钮置"关"状态，即扳柄指向下方。

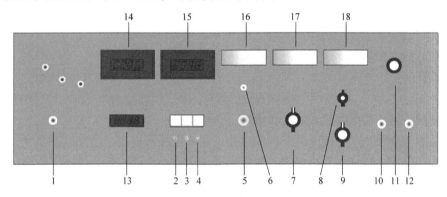

图 15-12　控制面板图

1—总电源开关　2—低真空按键　3—高真空按键　4—放气按键　5—充气阀　6—溅射开关　7—高压调节旋钮
8—蒸发电极选择开关　9—加热电流调节旋钮　10—试样旋转开关　11—试样转速调节旋钮　12—挡板开关按钮
13—分子泵转速　14—高真空示值　15—低真空示值　16—离子电流示值　17—高压示值　18—蒸发电流示值

2）开总电源开关①，按下高真空按键③，"高真空"键按下时，按键亮，机械泵先工作，其指示灯"RP"亮，当低真空计指示在 200Pa 左右时，分子泵自动接入，其指示灯"TP"亮。分子泵转速表开始指示，最高可指示 700rev/s 左右。

3）真空指示：低真空状态用热偶计指示，高真空用冷规指示。当高真空优于 7×10^{-1}Pa 时冷规自动接入。（长时间不用再启用时，冷规可能不激发，表头无指示，此时可放气再启动，冷规即可激发。）

（3）蒸发镀膜

1）按真空镀膜零部件图安装所需零部件：垫片、垫块、旋转工作台、样品杯、钨丝等。其中基片放在样品杯上，钨丝接到电极柱上，将铝条缠到钨丝上（当镀层为 100Å 时，待镀物 Φ0.3mm 长度取 20mm），接好引线。

2）按抽真空程序抽真空，使其真空度达到 $7 \times 10^{-2} - 1 \times 10^{-2}$Pa。

3）把蒸发电极选择开关⑧选取在钨丝所置的电极序号上。

4）按动挡板开关按钮⑫，当挡板处于挡住位置时，立即松开。

5）打开试样旋转开关⑩，调节试样转速调节旋钮⑪，使它以适当的速度旋转。

6）旋转加热电流调节旋钮⑨，使钨丝加热呈赤红状态，镀膜物质开始熔融后，退去加热电流。

7）按动挡板开关按钮⑫，使挡板打开。

8）进一步旋转加热电流调节旋钮⑨，使加热器呈发光状态。

9）当镀膜物质全部蒸发完后，使蒸发电极选择开关⑧、加热电流调节旋钮⑨、试样旋转开关⑩、挡板开关按钮⑫等复位到"0"处或关闭。

10）按放气按键④，对钟罩内放气，取出试样。

（4）装置停机

1）停机前除总电源开关及真空选择开关外，其余各开关及按钮应处在初始状态位置上。

2）按下放气键放气。停机后务必对钟罩内放气！

3）关总电源，取出样品。

4）清洗镀膜室，扣下钟罩，开机械泵，对钟罩抽低真空 3～5min，维持机械泵对分子泵抽气约 30min。最后关分子泵、机械泵、总电源。

（5）用干涉显微镜测膜厚，算速率。

用干涉显微镜测量薄膜厚度，测 6 次取平均值。

【注意事项】

（1）在清洗的整个过程中用细纱手套和纱布。钟罩、玻璃分离器和试样处理部分必要时用丙酮清洗，切不可用脏手和脏工具接触。

（2）在蒸发镀膜时，电流的调节不能过快，也不用加得很高。每次蒸镀金属完毕，一定将零件垫片、垫块、垫柱、有机玻璃、螺钉、玻璃罩等上面的残余金属膜完全清洗干净，或者在蒸镀时对其进行遮盖保护，使其不被蒸上金属，否则金属膜将影响离子处理时加高压。

（3）本机使用高速旋转的分子泵，如有任何细小的东西掉入圆盘抽气孔内，必须立刻按放气键放气，而后关总电源，将所掉入的物品取出。必要时可卸下分子泵进行检查，任何细小的物品掉入将使分子泵损坏（见分子泵说明书）。

（4）分子泵的维护参考分子泵说明书。

（5）在标有"高压危险"的部分，及高压电源小机柜内元件在通电情况下绝对禁止用手接触。

（6）不应长期闲置机器不用，在不用时应每周抽一次真空，长期不用容易抽不成真空。

（7）机械泵采用高速机械泵油，应一年换一次，并要经常检查，不使油面低于标志高度。

（8）当冷规指针偏转指示异常时，应拆开真空规，用乙醚清洗电极。注意，清洗时切不可损伤电极或使电极变形。

3. 利用 KYKY – SBC 2 型式样表面处理机中离子溅射功能制备薄膜

（1）清洗

1）用无水乙醇清洗要进行实验的零部件，并将玻璃钟罩进行清洗，必要时可用水清洗，最后用无水乙醇脱水、吹风机吹干，并将所需的零部件按照说明书安装好。

2）用无水乙醇清洗和烘干基片及溅射的材料，放到相应的位置。为测量所镀薄膜厚度，薄膜必呈台阶状，采用玻璃片将基片的一部分表面挡住，使这部分基片镀不上薄膜来实现。接触的边缘必须很薄很平，并与基片紧密靠在一起，以便使台阶很陡，台阶面与底之间的过渡宽度 w 应尽量窄，如附图 15-3 所示。这是保证测量精度的关键之一，因为光学干涉显微镜的视场只有 0.25mm。

3）盖好玻璃钟罩，注意密封圈的密封性（必要时可用真空脂密封）。

（2）抽真空

1）检查操作面板开关（见图 15-13），将其放在初始位置上，设备开关状态如下：

①总电源开关的扳柄指向"电源"两字方向，即为"关"；

②③④按键，置三个键一样高，即为"关"；

⑤充气阀按顺时针方向拧紧；

⑥溅射开关置"关"状态，即扳柄指向下方；

⑦高压调节旋钮置最小处，即指向左下方"0"；

⑧蒸发电极选择开关指向"0"处，即为"关"；

⑨加热电流调节旋钮置最小处，即指向左下方；

⑩试样旋转开关置为"关"，即扳柄指向"样品旋转"字样方向。

⑪试样转速调节旋钮按逆时针方向拧到头，即为最小；

⑫挡板开关按钮置"关"状态，即扳柄指向下方。

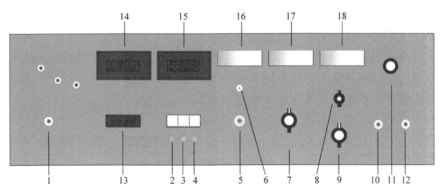

图 15-13　控制面板图

1—总电源开关　2—低真空按键　3—高真空按键　4—放气按键　5—充气阀　6—溅射开关　7—高压调节旋钮
8—蒸发电极选择开关　9—加热电流调节旋钮　10—试样旋转开关　11—试样转速调节旋钮　12—挡板开关按钮
13—分子泵转速　14—高真空示值　15—低真空示值　16—离子电流示值　17—高压示值　18—蒸发电流示值

2）开总电源开关①，按下低真空按键②，"低真空"键按下时，按键亮，机械泵工作其指示灯"RP"亮，分子泵不工作。

3）真空指示：低真空状态用热偶计指示。

（3）离子溅射镀膜

此操作只使用低真空，此时应将台板上的充气管接入。先将真空系统启动，进入准备状态。根据离子溅射原理，溅射物质（如金靶、铝靶）应处于负高压，而溅射镀膜试样应处于 0 电位。操作如下：

1）按离子溅射零部件图安装所需零部件：垫块、垫片、旋转试样台、支撑套等。

2）将 $\Phi40$ 试样台拧在旋转轴上，并粘好试样的样品杯，插入试样台圆孔。

3）放上玻璃罩 B，放上专用溅射头，并把高压插头插入高压插座，将地线接好。

4）对钟罩抽气按低真空键，一旦达到 0.07 ~ 0.01Pa，慢慢打开充气阀⑤，使空气进入，真空度达到所规定的 7 ~ 20Pa 为止。

5）将溅射开关⑥向上打开，旋转高压调节旋钮⑦，根据不同的金属选择合适的电压（用金靶时为 1200V，用铝靶时为 800V），根据镀层要求，使溅射状态保持一定时间。

6）试样处理完毕后把高压调节旋钮⑦、充气阀⑤置于"0"位，溅射开关⑥向下关闭。最后对钟罩放气，取出试样。

（4）装置停机

1）停机前除总电源开关及真空选择开关外，其余各开关及按钮应处在初始状态位置上。

2）按下放气键放气。停机后务必对钟罩内放气！

3）关总电源，取出样品。

4）清洗镀膜室，扣下钟罩，开机械泵，对钟罩抽低真空 3 ~ 5min，维持机械泵对分子泵抽气约 30min。最后关分子泵、机械泵、总电源。

（5）用干涉显微镜测膜厚，算速率。

用干涉显微镜测量薄膜厚度，测 6 次取平均值。

【注意事项】

（1）在清洗的整个过程中用细纱手套和纱布。钟罩、玻璃分离器和试样处理部分必要时可用丙酮清洗，切不可用脏手和脏工具接触。

（2）本机使用高速旋转的分子泵，如有任何细小的东西掉入圆盘抽气孔内，必须立刻按放气键放气，而后关总电源，将所掉入的物品取出。必要时卸下分子泵进行检查，任何细小的物品掉入将使分子泵损坏（见分子泵说明书）。

（3）分子泵的维护参考分子泵说明书。

（4）在标有"高压危险"的部分，及高压电源小机柜内元件在通电情况下绝对禁止用手接触。

（5）不应长期闲置本机器不用，在不用时应每周抽一次真空，长期不用容易抽不成真空。

（6）机械泵采用高速机械泵油，应一年换一次，并要经常检查，不使油面低于标志高度。

（7）当冷规指针偏转指示异常时，应拆开真空规，用乙醚清洗电极。注意，清洗时切不可损伤电极或使电极变形。

【思考题】

（1）镀膜前为什么要对玻璃基片进行清洗？

（2）有哪些因素影响镀膜层质量及厚度？

（3）如果实验中突然停水、停电该如何处理？

【附录】

6JA 型干涉显微镜的原理及简单使用方法介绍

薄膜的厚度可用干涉显微镜测量，结构图如附图 15-1 所示

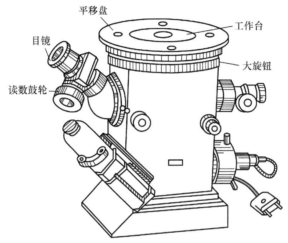

附图 15-1　干涉显微镜结构图

干涉法测量膜厚的理论基础是光的干涉效应。干涉显微镜可视为迈克尔逊干涉仪和显微镜的组合，其简化光路如附图 15-2 所示。

由光源发出的一束光经聚光镜和分光镜后分成强度相同的 B、C 两束光，分别经反射镜和样品反射后汇合发生干涉。两条光路光程基本相等，当它们间有一夹角时，就可能产生明暗相间的干涉条纹（等厚干涉）。将薄膜制成台阶状，如附图 15-3 所示，则光束 C 中从薄膜反射和从基片表面反射的光程不同，它们和光束 B 干涉时，由于光程差而造成同一级次的干涉条纹平移，由此可求出台阶高度（即薄膜厚度）为 $d = \dfrac{\Delta l}{l} \cdot \dfrac{\lambda}{2}$，式中，$\Delta l$ 为同一级次干涉条纹（要认准）的移动距离；l 为明暗条纹间距，它们由测微目镜测出；λ 为单色光源的波长。由于单色光形成的是亮暗干涉条纹，难以确定条纹移动距离，故测量时必须选用白光光源，这样容易确定零级干涉条纹。其零级条纹两侧是彩色的，便可明确测定条纹移动的距离，白光的平均波长取 $\lambda = 540\text{nm}$。

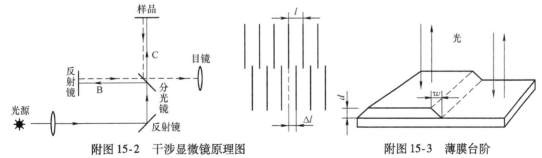

附图 15-2　干涉显微镜原理图　　　　　　　　　　附图 15-3　薄膜台阶

调干涉条纹步骤：

（1）前后左右调整灯丝，可从上面观察灯丝的像。

（2）放上样品，分别将两路光时刀口的像调清楚。

（3）调干涉条纹，可用绿光先调出干涉条纹，再换到白光。具体可参考干涉显微镜说明书。

第三章　设计性实验项目

实验十六　亥姆霍兹线圈磁场分布规律的研究

【实验目的】

磁学之所以迅速发展为物理学中的一个重要学科，在于它的强大生命力和在经济生活中丰厚的回报率。亥姆霍兹线圈是产生磁场的方法之一，它在数字式磁通计等仪器中具有广泛的应用。因此，研究亥姆霍兹线圈的磁场规律具有重要的意义，同时也有利于激发学生的求知欲和创新精神，培养他们的科学洞察力和判断力以及发现问题、分析问题和解决问题的能力。

【实验室可提供的主要器材】

SXG 型毫特斯拉仪、YJ69/4 型直流稳流电源、亥姆霍兹线圈、数字万用表。

【设计要求】

1. 根据现有的实验条件设计一个实验方案，证明磁场的叠加原理。
2. 研究亥姆霍兹线圈磁场规律，设计一个获得均匀磁场情况的实验方案。
3. 设计一个研究亥姆霍兹线圈磁场规律的实验。

【实验报告要求】

以书面的形式：

1. 阐述实验的基本原理、设计思路和研究过程。
2. 记录实验的全过程，包括实验步骤、各种实验现象和数据，并处理数据。
3. 得出实验结果，讨论实验中出现的各种问题。
4. 分析实验结果，并提出该方案的改进意见。

【注意事项】

1. 亥姆霍兹线圈通电时间不宜过长。
2. 在测定磁场时，特斯拉计的笔最好始终保持同一方向。

【参考书籍与资料】

[1] 赵凯华，陈熙谋. 新概念物理教程 [M]. 北京：高等教育出版社，2006.
[2] 吕斯骅，段家忯. 基础物理实验 [M]. 北京：北京大学出版社，2002.

实验十七 利用硅光电池测量高锰酸钾 浓度与透射率关系

【实验目的】

硅光电池是一种重要的光电探测元件，它不需要外加电源就能直接把光能转换成电能。因为它具有性能稳定、光谱范围宽、频率特性好、转换效率高、光谱灵敏度与人眼的灵敏度较为接近等一系列优点，所以常被用于很多分析仪器和测量仪器中。通过本实验，我们对硅光电池的简单应用做一些初步的了解和分析。

【实验室可提供的主要器材】

硅光电池、光学导轨及支座附件、光源、聚光透镜、比色槽、数字万用表。

【设计要求】

1. 根据现有的实验条件设计一个测量高锰酸钾浓度与透射率关系的实验装置。
2. 利用该装置测定高锰酸钾溶液浓度与透射率的关系。

【实验报告要求】

以书面的形式：

1. 阐述实验的基本原理、设计思路和研究过程。
2. 记录实验的全过程，包括实验步骤、现象和数据，并处理数据。
3. 得出实验结果，讨论实验过程中出现的各种问题。

【参考书籍与资料】

[1] 赵凯华，钟锡华. 光学 [M]. 北京：北京大学出版社，2004.
[2] 浦昭邦. 光电测试技术 [M]. 北京：机械工业出版社，2005.

实验十八　均匀毫特斯拉级弱
磁场的建立及其直接测量

【实验目的】

弱磁场的建立及其直接测量是工业自动化控制和检测的基本手段之一，也是物理量中将众多非电学量测量转化为电学量测量的重要方法之一，且弱磁场的建立不会对周围环境和仪器设备带来太大影响。因此本实验必将对物理实验的学习和工科学生后续课程的学习，乃至毕业设计带来益处。

1. 学习自主建立均匀毫特斯拉级弱磁场的不同方法。
2. 学会选择用不同传感器直接测量已建立的磁场。

【实验室可提供的主要器材】

螺线管、亥姆霍兹线圈、带气隙铁心的线包、直流恒流电源、数字万用表、滑线变阻器、霍尔传感器、集成霍尔传感器、磁阻传感器、桥路磁阻传感器、数字毫特仪。

【设计要求】

1. 设计建立一直线状均匀磁场或平面状均匀磁场或圆柱状均匀磁场的实验装置。
2. 理论计算使用该装置产生毫特斯拉级弱磁场所需要的励磁电流大小。
3. 选择适合该磁场大小的测量传感器或测量仪器。
4. 将实验设计方案（书面形式）交给指导教师审查，经与指导教师讨论交流后确定实验方案及数据处理方法。

【实验报告要求】

报告包括：
1. 实验基本原理、设计思路。
2. 最终确定的实验方案及具体实验步骤。
3. 实验原理图、实验装置图。
4. 完整的实验数据及表格。
5. 完整的实验数据处理过程及误差计算结果。

【注意事项】

1. 器材详细参数请到实验室查询。
2. 最终上交的实验报告需附上原实验设计方案。

【思考题】

1. 提出有别于本实验的新方案并做简要说明。
2. 毫特斯拉级弱磁场的直接测量有何应用？

【参考书籍与资料】

[1] 赵凯华，陈熙谋. 电磁学 [M]. 北京：人民教育出版社，1979.
[2] 沈元华. 设计性研究性物理实验教程 [M]. 上海：复旦大学出版社，2004.
[3] 沈元华. 新编大学物理实验教程 [M]. 上海：复旦大学出版社，2008.

实验十九　光电二极管伏安特性的计算机数据采集

【实验目的】

半导体光电二极管的光电特性与常见的普通二极管有很大的不同，它在光测技术、光纤通信、自动检测和自动控制技术领域中应用十分广泛，因此在基础物理实验中让学生了解半导体光电二极管的结构及原理、熟悉光电二极管的基本性能和掌握它在光电转换技术中的正确使用方法很有必要。

1. 了解光电二极管的结构、工作原理，学习测量光电二极管伏安特性的方法。

2. 利用 LabCorder 数据采集系统，自设电路，测定光电二极管的伏安特性。

【实验室可提供的主要器材】

LabCorder 数据采集系统及计算机、光电二极管及光源、九孔板、直流稳压电源 1 个、直流恒流电源 1 个、4 位半数字万用表 3 个、电阻箱 2 个、多圈电位器 1 个。

【设计要求】

1. 根据现有设备利用 LabCorder 数据采集系统设计测定光电二极管伏安特性的电路。

2. 通过理论计算选定电阻大小、数字万用表的量程、确定电路的完善性。

3. 将实验设计方案（书面形式）交给指导教师审查，经与指导教师讨论交流后确定实验方案及数据处理方法。

【实验报告要求】

报告包括：

1. 实验的基本原理、设计思路和研究过程。

2. 实验原理图、实验装置图。

3. 完整的实验数据及表格。

4. 完整的实验数据处理过程及计算结果。

5. 根据实验数据得到必要的结果图形。

6. 分析并讨论利用数据采集系统进行实验的一些体会，以及本实验的一些改进方案。

【参考书籍与资料】

[1] 浦昭邦. 光电测试技术 [M]. 北京：机械工业出版社，2005.

[2] 牟家鼎. 光电技术 [M]. 杭州：浙江大学出版社，1995.

实验二十　磁性材料居里温度计算机数据采集

【实验目的】

1. 在原有实验基础上利用计算机采集数据。
2. 了解铁磁物质由铁磁性转变为顺磁性的微观机理。
3. 利用交流电桥法测定软磁铁氧体材料的居里温度。
4. 通过在不同加热速率及升温、降温情况下的电压及温度关系来了解材料的性能。
5. 通过实验结果总结实验条件对测量结果的影响。

【实验室可提供的主要器材】

LabCorder 数据采集系统及计算机、YB1602P 功率函数信号发生器、直流稳压电源 2 个、直流恒流电源、4 位半数字万用表 3 块、容器和加热炉、铂电阻温度计、整流电路。

【设计要求】

1. 熟悉 LabCorder 数据采集系统。
2. 设计一个实验方案：
（1）测定磁性材料升温与自然冷却时电压与温度的关系；
（2）测定磁性材料升温速度不同时电压与温度的关系。
3. 分析升温与降温两种过程对实验结果的影响。
4. 分析磁性材料升温速度不同时对实验结果的影响。

【实验报告要求】

以书面的形式：

1. 阐述实验的基本原理、设计思路和研究过程。
2. 记录实验的全过程，包括实验步骤、各种实验现象和数据，并处理数据。
3. 得出实验结果，讨论实验中出现的各种问题。
4. 分析实验结果并提出该方案的改进意见。

【注意事项】

1. 将磁性材料放入硅油中，正确显示读数后再加热。
2. 硅油温度很高，将磁性材料放入线圈内（或取出）时，一定要用耐高温的吸磁夹子进行，切勿用手直接接触；线圈很小，放入或取出材料时勿将接线拉断。
3. 将磁性材料放入（或取出）时，勿将硅油滴入插线板孔内。
4. 开始加热后不要移动与磁性材料相接的各元件。

【思考题】

本实验为什么要用整流电路？

【参考书籍与资料】

［1］田民波. 磁性材料［M］. 北京：清华大学出版社，2001.
［2］沈元华. 设计性研究性物理实验教程［M］. 上海：复旦大学出版社，2004.
［3］陈守川，田志伟. 大学物理实验教程［M］. 杭州：浙江大学出版社，2001.
［4］吕斯骅，段家低. 基础物理实验［M］. 北京：北京大学出版社，2002.

实验二十一　薄膜制备技术及性能测试

【实验目的】

薄膜材料是一个涉及信息技术产业、微电子行业等多种学科的研究领域,在材料科学的各分支中,它一直占据着极为重要的地位。与传统的真空镀膜技术相比,喷雾热解技术因具有设备简单、操作方便、沉积温度低、易于对薄膜掺杂改性及对衬底的材料、形状或表面状况无要求和易于大面积生产等特点而被广泛用来制备各种薄膜材料,如贵金属、金属氧化物、尖晶石氧化物、硫化物及超导化合物。

因此,了解薄膜材料的制备方法、形成理论及相关特性具有重要的意义,同时也有利于激发学生的求知欲和创新精神,培养学生发现问题、分析和解决问题的能力和科学研究工作的能力。

【实验室可提供的主要器材】

402A 型超声雾化器、热解电炉等。

【设计要求】

1. 根据现有的实验条件设计一个实验方案,在单晶硅或石英玻璃衬底上沉积 ZnO 薄膜材料;

2. 采用光学干涉法或椭偏法等测量 ZnO 薄膜的厚度和折射率;

3. 设计一个实验方案研究不同实验条件(如衬底温度、衬底种类等)下生长的 ZnO 薄膜的厚度和折射率。

【实验报告要求】

报告包括:

1. 实验基本原理、设计思路。

2. 实验原理图、实验装置图。

3. 完整的实验测量数据、实验结果图片及表格。

4. 实验数据处理过程或实验结果分析。

【参考书籍与资料】

[1] 王学松. 现代膜技术及其应用指南 [M]. 北京:化学工业出版社,2005.

[2] PATIL P S. Versatility of chemical spray pyrolysis technique[J]. Mater. Chem. Phys.,1999 (59):185-198.

[3] LEE Y J,KIM H,RON Y. Deposition of ZnO thin films by the ultrasonic spray pyrolysis technique [J]. Jpn. J. Appl. Phys.,2001 (4A):2423-2428.

实验二十二　坡莫合金磁阻传感器特性研究和应用

【实验目的】

地磁场的数值比较小，约 10^{-5} T 量级，但在直流磁场，特别是弱磁场测量中，往往需要知道其数值，并设法消除其影响。此外，地磁场作为一种天然磁源，在军事、工业、医学、探矿等领域中也有着重要用途。本实验采用新型坡莫合金磁阻传感器来测定地磁场的磁感应强度及地磁场磁感应强度的水平分量和垂直分量，并测量地磁场的磁倾角，从而掌握磁阻传感器的特性及测量地磁场的一种重要方法。由于磁阻传感器体积小、灵敏度高、易安装，因而在弱磁场测量方面有着广泛的应用前景。

1. 学习新型坡莫合金磁阻传感器特性。

2. 学习建立均匀磁场和直接测量磁场的方法。

3. 掌握地磁场磁感应强度的水平分量和垂直分量测量的一种重要方法。

4. 验证场的叠加原理（选做）。

【实验室可提供的主要器材】

坡莫合金桥路磁阻传感器、亥姆霍兹线圈、直流恒流电源、数字万用表、数字式毫特仪、测角读数装置。

【设计要求】

1. 查找 HMC1021Z 型坡莫合金磁阻传感器构造、原理及相关资料。

2. 学习地磁场基本概念，如地磁场水平分量、垂直分量、磁倾角、磁偏角。

3. 设计建立一直线状均匀磁场的实验装置，要求可通过理论计算该磁场的大小。

4. 用该装置测量 HMC1021Z 型坡莫合金磁阻传感器的灵敏度。

5. 测量校园内空旷处的地磁场磁感应强度的水平分量和垂直分量及磁倾角。

6. 将实验设计方案（书面形式）交给指导教师审查，经与指导教师讨论交流后确定实验方案及数据处理方法。

【实验报告要求】

报告包括：

1. 实验基本原理、设计思路。

2. 最终确定的实验方案及具体实验步骤。

3. 实验原理图、实验装置图。

4. 完整的实验数据及表格。

5. 完整的实验数据处理过程及误差计算结果。

6. 分析讨论并简要提出有别于本实验的新方案。

【注意事项】

1. 器材详细参数请到实验室查询。

2. 最终上交的实验报告需附上原始的实验设计方案。

【思考题】

1. 磁阻传感器和霍尔传感器在工作原理和使用方法方面各有什么特点和区别?

2. 如果在测量地磁场时,在磁阻传感器周围较近处放一个铁钉,对测量结果将会产生什么影响?

3. 为何坡莫合金磁阻传感器遇到较强磁场时,其灵敏度会降低?用什么方法来恢复其原灵敏度?

实验二十三　PN结物理特性的测量

【实验目的】

半导体PN结的物理特性是物理学和电子学的重要基础内容之一。本仪器用物理实验方法，测量PN结电流与电压关系，证实此关系遵循指数分布规律，并较精确地测出玻耳兹曼常数（物理学重要常数之一），学会测量弱电流的一种新方法。

1. 测量室温时PN结电流与电压关系，通过数据处理证明此关系遵循指数分布规律。
2. 测量不同温度条件下的玻耳兹曼常数。
3. 学习用运算放大器组成电流-电压变换器测量 $10^{-6} \sim 10^{-8}$A的弱电流。

【实验提示】

由半导体物理学可知，PN结的正向电流-电压关系满足：

$$I = I_0(e^{eU/k_B T} - 1) \tag{23-1}$$

式中，I 是通过PN结的正向电流；I_0 是不随电压变化的常数；T 是热力学温度；指数项中的 e 是电子的电量；U 为PN结正向压降。由于在常温300K时，$k_B T/e = 0.026$V，而PN结正向压降约为十分之几伏，则 $e^{eU/k_B T} \gg 1$，式（23-1）括号内的 -1 项完全可以忽略，于是有

$$I = I_0 e^{eU/k_B T} \tag{23-2}$$

即PN结正向电流随正向电压按指数规律变化。若测得PN结 I-U 关系值，则利用式（23-2）可以求出 $e/k_B T$。测得温度 T 后，就可以得到常数 e/k_B，把电子电量作为已知量代入，即可求得玻耳兹曼常数 k_B。

在实际测量中，二极管的正向 I-U 关系虽然能较好地满足指数关系，但求得的常数 k_B 往往不够理想。这是因为通过二极管的电流不只是扩散电流，还有其他电流。一般它包括三个部分：①扩散电流，它严格遵循式（23-2）；②耗尽层复合电流，它正比于 $e^{eU/2k_B T}$；③表面电流，它是由Si和SiO₂界面中杂质引起的，其值正比于 $e^{eU/mk_B T}$，一般 $m > 2$。因此，为了验证式（23-2）及求出准确的常数 e/k_B，不宜采用硅二极管，而采用硅三极管接成共基极线路，因为此时集电极与基极短接，集电极电流中仅仅是扩散电流。复合电流主要在基极出现，测量集电极电流时，将不包括它。本实验中选取性能良好的硅三极管（TIP31型），实验中又处于较低的正向偏置，这样表面电流影响也完全可以忽略，所以此时集电极电流与结电压将满足式（23-2）。

【实验室可提供的主要器材】

FD-PN-2型PN结物理特性仪、直流电源、数字电压表、LF356运算放大器、TIP31型晶体管、多圈电位器、印刷引线、接线柱、保温杯、搅拌器、玻璃试管、水银温度计。

【设计要求】

1. 学习PN结的物理特性及其测量方法。
2. 了解弱电流测量方法及LF356运算放大器的工作原理。
3. 拟定测量PN结电流 I_c 与电压 U_{be} 关系的方法。
4. 对所测曲线拟合求经验公式，并计算玻耳兹曼常数。
5. 将实验设计方案（书面形式）交给指导教师审核。

【实验报告要求】

报告包括:

1. 实验基本原理、设计思路。

2. 最终确定的实验方案及具体实验步骤。

3. 实验原理图、实验装置图。

4. 完整的实验数据及表格。

5. 完整的实验数据处理过程及误差计算结果。

【注意事项】

1. 运算放大器 7 脚和 4 脚分别接 +15V 和 −15V,不能反接,地线必须与电源 0V(地)相接(接触要良好)。否则有可能损坏运算放大器,并引起电源短路。一旦发现电源短路(电压明显下降),请立即切断电源。

2. 要换运算放大器必须在切断电源条件下进行,并注意脚不要插错。元件标志点必须对准插座标志槽口。

3. 请勿随便使用其他型号晶体管做实验。例如,TIP31 型晶体管为 NPN 管,而 TIP32 型晶体管为 PNP 管,所加电压极性不相同。

4. 接 ±15V,但不可接大于 15V 电源。±15V 电源只供运算放大器使用,请勿作其他用途。

【思考题】

1. 本实验在测量 PN 结温度时,应注意哪些问题?

2. 在用基本函数进行曲线拟合求经验公式时,如何检验哪一种函数式拟合得最好,或者拟合的经验公式最符合实验规律。

【参考书籍与资料】

[1] 马文蔚,周雨青,解希顺. 物理学教程:下册 [M]. 2 版. 北京:高等教育出版社,2006.

[2] 吕斯骅,段家伬. 新编基础物理实验 [M]. 北京:高等教育出版社,2006.

[3] 沈元华,陆申龙. 新编基础物理实验 [M]. 北京:高等教育出版社,2003.

实验二十四 模拟电冰箱制冷系数的测量

【实验目的】

本实验通过应用热学知识广泛的电冰箱，将一些热学基本知识，如热力学定律，等温、等压、绝热、循环等过程，以及焦耳-汤姆逊实验等，做了综合性应用，使学生在加深对热学基本知识理解的同时，得到一次理论与实际、学与用相结合的锻炼。

1. 培养学生理论联系实际、学与用相结合的实际工作能力。

2. 学习电冰箱的制冷原理，加深对热学基本知识的理解。

3. 测定电冰箱的制冷系数。

【实验室可提供的主要器材】

MB–2 型模拟电冰箱实验装置、功率计、数字式摄氏温度计、交流电流表、加热电源、保温室、压缩机等。

【设计要求】

1. 学习制冷的基础理论、制冷的方式、制冷剂氟利昂、真实气体的等温线、电冰箱的制冷循环和制冷系数等基本概念。

2. 了解 MB–2 型模拟电冰箱实验装置结构及工作原理。

3. 拟定测量压缩机功率和制冷量的过程及步骤。

4. 作压缩机功率 P 与冷冻室温度 t_0 的关系曲线、制冷量 Q 与冷冻室温度 t_0 的关系曲线，求制冷系数。

5. 将实验设计方案（书面形式）交给指导教师审核。

【实验报告要求】

报告包括：

1. 实验基本原理、设计思路。

2. 最终确定的实验方案及具体实验步骤。

3. 实验原理图、实验装置图。

4. 完整的实验数据及表格。

5. 完整的实验数据处理过程及误差计算结果。

【注意事项】

1. 实验时，切勿扳动实验装置上的任一部件和仪器背后的制冷剂充注阀，以免造成制冷剂泄漏而损坏仪器。

2. 压缩机停机后不能立即起动，再次起动要相隔 5 min，要经常注意电流表的指示值，当指示值急剧增大并超过 1 A 时，要停机检查是否有堵塞情况发生。

3. 测量时，要等温度充分稳定后（可通过冷冻室温度 t_0 判断），再记录数据。

【思考题】

1. 电冰箱利用什么方式制冷？

2. 电冰箱制冷循环有哪几个过程？

3. 如何测压缩机对制冷剂所做功的功率？如何测制冷量 Q？

4. 分析讨论本实验的系统误差。（提示：在计算制冷量 Q 时，除制冷剂通过蒸发器吸收热量外还应考虑哪些因素?)

【参考书籍与资料】

[1] 程守洙,江之永. 普通物理学 [M]. 5 版. 北京:高等教育出版社,1998.

[2] 陆廷济,胡德敬,陈铭南,等. 物理实验教程 [M]. 上海:同济大学出版社,2000.

[3] 马文蔚,苏惠惠,陈鹤鸣. 物理学原理在工程技术中的应用 [M]. 北京:高等教育出版社,2001.

实验二十五　硅光电池特性的研究

目前半导体光电探测器在数码摄像、光通信、太阳电池等领域得到广泛应用，硅光电池是半导体光电探测器的一个基本单元，深刻理解硅光电池的工作原理和具体使用特性可以进一步领会半导体 PN 结原理、光电效应理论和光伏电池产生机理。

【实验目的】

1. 掌握 PN 结形成原理及其工作机理。
2. 了解 LED 发光二极管的驱动电流与输出光功率的关系。
3. 掌握硅光电池的工作原理及其工作特性。

【实验室可以提供的器材】

TKGD – 1 型硅光电池特性实验仪、信号发生器、双踪示波器。

【设计要求】

1. 根据现有实验室提供的仪器，设计实验方法，确定硅光电池的频响特性和负载特性。
2. 设计实验方案测定硅光电池的饱和电流 I_s。

【实验报告要求】

以书面的形式：

1. 阐述实验的基本原理、设计思路和研究过程。
2. 记录实验的全过程，包括实验步骤、现象和数据，并处理数据。
3. 得出实验结果，讨论实验过程中出现的各种问题。

【参考书籍和资料】

[1] 王君容，薛君南. 光子器件 [M]. 北京：国防工业出版社，1982.

[2] 赵富鑫，魏彦章. 太阳电池及其应用 [M]. 北京：国防工业出版社，1985.

实验二十六 利用 X 射线衍射仪测量晶体的晶格常数

X 射线技术是研究物质结构的重要手段,广泛应用于物理、化学和生物等领域,其理论基础是 X 射线物理学和晶体结构学。通过开展简单的 X 射线衍射物相分析实验,可以了解采用 X 射线衍射仪进行物相分析的原理,并初步掌握采用 X 射线衍射仪对单晶进行物相分析的方法。

【实验目的】

1. 学习 X 射线的产生原理,熟悉 X 射线仪的构造使用。

2. 学习采用 X 射线衍射仪进行物相分析的原理。

3. 掌握测量 NaCl、LiF 等晶体的晶格常数的方法。

【实验室可提供的主要器材】

Leybold X 射线装置、NaCl 单晶、LiF 单晶。

【设计要求】

1. 了解 X 射线的产生原理和采用 X 射线衍射仪进行物相分析的原理。

2. 了解 X 射线晶体分析仪的构造,熟悉其硬件和软件设置。

3. 设计测定 NaCl 晶体或 LiF 晶体晶格常数的实验方案并进行测量。

【实验报告要求】

以书面的形式:

1. 阐述实验的基本原理、设计思路和研究过程。

2. 记录实验的全过程,包括实验步骤、现象和数据,并处理数据。

3. 得出实验结果,讨论实验中出现的各种问题。

4. 分析讨论并研究设计分析多晶晶体结构的方案。

【参考书籍与资料】

[1] 褚圣麟. 原子物理学 [M]. 北京:高等教育出版社,1979.

[2] 张孔时,丁慎训. 物理实验教程 [M]. 北京:清华大学出版社,1991.

实验二十七　不同方法牛顿环测凸透镜曲率半径的研究

【实验目的】

用牛顿环测凸透镜曲率半径的传统方法是大学物理实验中的经典实验，其理论验证、实验技能和数据处理的训练在物理实验中的地位不容置疑。然而随着新技术的不断出现，用牛顿环测凸透镜曲率半径有了新的实验方法，融入了新的技术，反映了时代的步伐。为此，本实验力图使实验者通过对相同实验题目的不同实验方法进行比较，分析它们的特点，提高全面分析问题的能力。

1. 学习设计用牛顿环测凸透镜曲率半径的不同方案。

2. 比较讨论各不同方案的特点及产生误差的原因。

【实验室可提供的主要器材】

读数显微镜、测微目镜、CCD 摄像测量系统（含光具座、微机）、牛顿环、钠光灯、望远镜、光具座、激光器、米尺等。

【设计要求】

1. 自主搭建反射式和透射式牛顿环观测装置各一套，写出计算公式。

2. 选择实验器材，分别确定用反射式和透射式牛顿环测量凸透镜曲率半径的实验方案。

3. 将实验设计方案（书面形式）交指导教师审查，经与指导教师讨论交流后确定实验方案及数据处理方法。

【实验报告要求】

报告包括：

1. 实验基本原理、设计思路。

2. 最终确定的实验方案及具体实验步骤。

3. 实验原理图、实验装置图。

4. 完整的实验数据及表格。

5. 完整的实验数据处理过程及误差计算结果。

6. 分析讨论本教材中所给出的两种方法之利弊。

【注意事项】

1. 器材详细参数请到实验室查询。

2. 最终上交的实验报告需附上原实验设计方案。

【思考题】

1. 提出有别于本实验的新方案，简要说明。

2. 牛顿环的测量有何应用？

【参考书籍与资料】

[1] 母国光，战元龄. 光学 [M]. 北京：人民教育出版社，1981.

[2] 沈元华. 设计性研究性物理实验教程 [M]. 上海：复旦大学出版社，2004.

实验二十八　用阿贝折射仪测量折射率

【实验目的】

1. 学习利用全反射测量折射率的方法。
2. 学会阿贝折射仪的调整和使用方法。
3. 测定自制样品的折射率。

【实验室可提供的主要器材】

阿贝折射仪、乙醇、蒸馏水、滴管、量杯。

【实验内容】

1. 了解利用全反射原理测量折射率的方法。
2. 了解阿贝折射仪的调整和使用方法。
3. 制备待测样品。
4. 测定样品的折射率。

【实验报告要求】

以书面的形式：

1. 阐述实验的基本原理、设计思路和研究过程。
2. 记录实验的全过程，包括实验步骤、现象和数据。
3. 得出实验结果，和预期进行比较，总结该实验的优缺点。

【参考书籍与资料】

［1］林纾，龚镇雄．普通物理实验［M］．北京：人民教育出版社，1982.

［2］杨述武．普通物理实验［M］．2 版．北京：高等教育出版社，1997.

实验二十九　椭圆偏振法测量薄膜厚度与折射率

【实验目的】

椭圆偏振法可测量薄膜纳米级厚度、介质折射率等光学参数及研究介质的表面特性，因其具有测量范围宽、精度高、非破坏性、应用范围广等特点，已在光学、半导体材料、化学、生物学和医学等方面得到了广泛应用。因此，掌握椭偏法测量薄膜厚度、折射率的原理及应用具有重要的意义，同时也有利于激发学生的求知欲和创新精神，培养他们的科学洞察力和判断力，以及发现问题、分析问题和解决问题的能力。

【实验室可提供的主要器材】

HJ—1B 型 He-Ne 激光器、硅光电池、偏振片、1/4 波片、1/2 波片。

【设计要求】

1. 根据现有的实验条件设计一个实验方案，验证马吕斯定律。

2. 研究消光法测量椭偏参量从而得到介质的反射系数比，并在第一厚度周期内通过计算机计算介质的厚度和折射率。

3. 设计一个实验方案确定未知样品薄膜的膜厚周期和周期数并进行测定。

【实验报告要求】

报告包括：

1. 实验基本原理、设计思路。

2. 实验原理图、实验装置图。

3. 完整的实验测量数据、实验结果图片及表格。

4. 实验数据处理过程或实验结果分析。

【参考书籍与资料】

[1] 阿查姆，巴夏拉. 椭圆偏振测量术和偏振光 [M]. 梁民基，等译. 北京：科学出版社，1986.

[2] 姚启钧. 光学教程 [M]. 3 版. 北京：高等教育出版社，2005.

[3] 赵凯华. 光学 [M]. 北京：北京大学出版社，1984.

实验三十　万用电表设计及制作

【实验目的】

万用电表是一种基本的电学仪表，它的测量范围广，构造简单，使用方便，是电磁学实验的必备工具。本实验要求同学们根据已学过的知识，设计并组装一只简易的万用电表。

1. 理解万用电表的基本工作原理、特性和构造组成，学会设计制作万用电表。

2. 设计并组装万用电表，其主要技术性能：

直流电流量程：250μA，1mA，5mA，50mA，500mA，2.5A

直流电压量程：1V，5V，25V，250V，1000V

电阻量程：×10，×100，×1k（中心值8Ω）

3. 用标准表校验、组装好万用电表相应档次，并确定组装表的精度等级。

【实验室可提供的主要器材】

万用电表散装件一套、电阻箱、变阻器、惠斯登电桥、直流稳压电源、标准直流电压表、标准直流电流表、数字万用表。

【设计要求】

1. 测定表头参数（内阻及灵敏度）。

2. 依据表头参数按规定的技术要求，计算出万用电表的直流电流、直流电压、电阻三档各需要电阻的阻值。

3. 学会万用电表组装、焊接、校验的全过程。

4. 测量并计算出万用电表各档的精度等级。

【实验报告要求】

报告包括：

1. 设计原理。

2. 表头参数的测定（a. 表头内阻 R_g；b. 表头灵敏度）。

3. 直流电流档设计原理。

4. 直流电压档设计原理。

5. 电阻档设计原理。

（1）实验原理图、实验装置图。

（2）完整的实验测量数据及表格。

（3）完整的实验数据处理过程及确定万用电表各档的精度等级。

【参考书籍与资料】

［1］王鸿明. 电工技术和电子技术［M］. 北京：清华大学出版社，1999.

［2］张南. 电工学［M］. 北京：高等教育出版社，2001.

第四章　研究性实验项目

实验三十一　马格努斯滑翔机研究实验

【实验目的】

通过对马格努斯滑翔机发射角度及初速度等的控制，研究马格努斯滑翔机的飞行轨迹。

【实验室可提供的主要器材】

橡皮筋：标记刻度，先拉伸，再缠绕，保证单位长度力；DV 机：记录滑翔机位置和飞行轨迹；"滑翔机"（纸杯、胶带）。

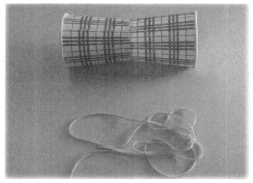

【实验内容】

给定初速度、发射角度、初始角速度以及阻力系数等初始参数，研究马格努斯滑翔机的轨迹。建立理论模型并利用计算机画出其轨迹图。

【实验报告要求】

以书面的形式：

1. 阐述实验的基本原理、设计思路和研究过程。
2. 记录实验的全过程，包括实验步骤、各种实验现象和数据，并做数据处理。
3. 分析实验结果，讨论实验中出现的各种现象。
4. 分析讨论实验结果，说明如何改进实验。
5. 用计算机绘出滑翔机的轨迹图。

【注意事项】

发射马格努斯滑翔机时，勿用手直接发射，要固定装置，提高实验准确性。

【参考书籍与资料】

［1］于凤军. 马格努斯效应与空竹的下落运动［J］. 大学物理，2012，31（9）：19－21.

［2］郝成红. 考虑空气阻力的抛体射程［J］. 大学物理，2008，27（12）：21－22.

［3］盛祥耀，胡金德，陈魁，等. 数学手册［M］. 北京：清华大学出版社，2005.

［4］马文蔚. 物理学教程：上册［M］. 北京：高等教育出版社，2002.

实验三十二　倾倒非黏性颗粒时漏斗对休止角的影响研究

许多自然灾害，如泥石流、雪崩、山崩、地震等都与颗粒物质的崩塌有着紧密的联系。目前已有的很多关于颗粒物质崩塌现象的研究[1]，一致认为颗粒物质在崩塌过程中存在两个特征角：刚发生崩塌时的这一特征角称为崩塌角，崩塌停止时的这一特征角称为休止角（又称摩擦角、安息角）。

生活中常见的例子就是在工地上常见的黄沙堆，而货车的倾倒方式可以近似地看作是漏斗在倾倒黄沙。过去的文献和实验[2][3][4]大多都是对颗粒群的质量或颗粒群堆积高度对休止角的影响进行研究，而本实验主要是对倾倒时所使用的漏嘴对休止角的影响进行研究。

【实验内容】

用漏斗可以将非黏性颗粒倾倒在水平面上形成一个圆锥形的颗粒堆，分析其中的物理学原理，并自主设计实验，研究漏斗的高度与口径如何影响该颗粒堆的休止角。

【实验目的】

1. 查阅相关文献，培养独立分析自然现象的能力。
2. 根据原理选择实验器材，自主设计物理实验。
3. 灵活运用一般物理实验中的测量方法和数据分析方法。

【背景知识】

1. 使用恰当的牛顿动力学分析[5]（针对颗粒群）和合理的流体力学思想（针对漏嘴），建立动力学模型和流体力学模型[6]。
2. 本实验的难点在于如何搭建合理的实验装置，以清晰且准确地获得实验数据。

【实验提示】

1. 选择合适的多种非黏性颗粒来验证普适性。
2. 实验数据应该充足，以减小实验误差。
3. 设计实验时应使用控制变量法。
4. 分析数据时应使用电脑端数据处理软件，如 Origin、MATLAB 或 Mathematica。

【实验报告要求】

报告包括：
1. 对实验课题的重述以及你对它的理解。
2. 对课题分析后建立的理论。
3. 针对所建立的理论而设计的实验，需要画出实验装置，写清实验步骤。
4. 用表格的形式给出测量所得到的实验数据，以及对其进行数据处理后的结果。
5. 总结实验成果。
6. 列出使用的参考文献。

【参考书籍与资料】

[1] BAK. How Nature Works：The Science of Self – Organized Criticality ［M］. New York：Copernicus，1996.
[2] 张少明，翟旭东，刘亚云. 粉体工程 ［M］. 北京：中国建材工业出版社，1994.
[3] 谢洪勇. 粉体力学与工程 ［M］. 北京：化学工业出版社，2003.

［4］李凤生. 药物粉体技术［M］. 北京：化学工业出版社，2007.

［5］周英，张国琴. 颗粒堆积高度对静止角度的影响［J］. 物理实验，2007，27（3）：10 - 13.

［6］施宇轩，郝成红，黄耀清，等. 倾倒非黏性颗粒时漏斗对休止角的影响［J］. 物理实验，2019，39（8）：53 - 55.

实验三十三　对锥形装置能够扩大声学输出规律的研究

声音有音调、音色、响度三个指标。声音是一种信息，要想听到声音必须有声源和传播媒介。声源处物体的振动，带动传播媒介的振动，最终被接收端捕捉。如何使声音让更多的人听到，从而有效地传播信息，最简单的方式便是提高声音的响度，以提高输入到振动物体中的能量。物体的自振频率基本不变，根据能量守恒定律，输入的能量会增大振动物体的振幅，但输入的能量总是会有限制的，所以还要考虑传播途径。固体、液体、气体都可以传播振动，但是需要的能量不同。在日常的生产生活中通过工具便可以实现提高响度的目的，比如利用号角等扩音装置。

号角是如何扩大声音的？2019 年国际青年物理学家竞赛（IYPT）第七题"响亮的声音"便是探究锥形或牛角装置对声学输出的影响。根据题目要求分别探究锥形装置的形状、大小、材质等因素。

【实验室可提供的主要器材】
起振器、声传感器、卡纸、塑料薄板、金属箔、量角器等。

【实验内容】
1. 固定高度不变，改变圆锥母线长度。
2. 固定圆锥底面半径，改变圆锥母线长度。
3. 固定圆锥张角不变，改变圆锥母线长度。
4. 固定圆锥张角、母线长度不变，改变圆锥制作材料。

【基本理论公式】

$$\frac{\partial^2 \varphi}{\partial t^2} - c^2 \left(\frac{\partial^2 \varphi}{\partial x^2} + \frac{\partial^2 \varphi}{\partial y^2} + \frac{\partial^2 \varphi}{\partial z^2} \right) = 0 \tag{33-1}$$

$$\frac{d^2 \varphi}{dx^2} + \frac{d \ln S}{dx} \frac{d\varphi}{dx} - k^2 \varphi = 0 \tag{33-2}$$

$$k = \frac{2\pi f}{c}$$

式（33-1）描述了声波在三维介质中的传播行为。1919 年，韦伯斯特提出了一个解决这个问题的方法，将方程（33-1）从一个三维问题简化为一维问题。他假设声能均匀地分布在垂直于喇叭轴的平面波前，并且只考虑在轴向的运动。这些简单运算的结果就是所谓的"韦伯斯特霍恩方程"，即式（33-2）。

【思考题】
1. 为何球面波的三维问题可以被简化为一维问题？
2. 声音在传播过程其他因素对传播有影响，如何影响？

实验三十四　牛顿摆的研究

【实验目的】

通过观察牛顿摆的运动，了解和感受能量守恒与动量守恒的原理。

【实验室可提供的主要器材】

牛顿摆，如图 34-1 所示。

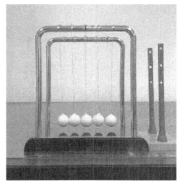

图 34-1　牛顿摆

【实验原理】

　　牛顿摆是由法国物理学家伊丹·马略特最早于 1676 年提出的。5 个质量相同的球体由吊绳固定，彼此紧密排列，拉起最右侧的球并释放，在回摆时碰撞紧密排列的另外 4 个球，发生碰撞后，最左边且仅有最左边的球将被弹出。

　　牛顿摆中发生的碰撞是一种常见的现象，碰撞过程可分为两个阶段。开始碰撞时，两球相互挤压，发生形变，由形变产生的弹性回复力使两球的速度发生改变，直到两球的速度相等为止，此时形变达到最大。这是碰撞的第一阶段，可称为压缩阶段。此后，由于形变仍然存在，弹性回复力继续作用，使两球速度变化而有相互脱离的趋势，两球的形变逐渐减小，直到两球分离。这是碰撞的第二阶段，可称为回复阶段。而牛顿摆的碰撞可以近似看成完全弹性碰撞。

　　完全弹性碰撞是一种理想情况下的碰撞，它的物理过程满足能量守恒与动量守恒定律，两个质量完全相同的小球，在发生此类碰撞时，会发生速度交换的现象。在牛顿摆的某一次碰撞过程中，小球的能量损耗很小，可以忽略不计，能量近似不发生改变，符合完全弹性碰撞的条件。这就决定了碰撞后弹起小球的数量、速度与碰撞前相等，而速度又决定了小球弹起的高度。因此，从现象上看，牛顿摆左右两侧弹起小球的数量与高度是相同的。

但在现实生活中，不发生能量损耗的完美碰撞是不存在的。实际上，碰撞发生时，由于形变与形变所产生的回复力变化速度不一致，导致回复力落后于形变，因此在形变回复后会产生能量损耗，这种现象叫作弹性滞后现象，这种碰撞叫作非完全弹性碰撞。再加上摩擦、空气阻力等影响，导致小球的机械能以热能的形式释放，在牛顿摆反复碰撞的过程中，机械能会逐渐减小，因此小球的运动会逐渐变缓，并最终停下来。

【实验内容】

1. 拉开小球偏离平衡位置，释放小球使其摆动。另一端的小球会弹起，并做反复的规则运动。

2. 记录拉起小球的数量和高度，观察另一端小球弹起的数量和高度与其是否相同。

3. 总结牛顿摆中小球运动的规律。

【注意事项】

1. 小球抬起高度不得超过90°。

2. 小球抬起方向要与排列方向相同。

实验三十五 悬浮小球实验研究

【实验目的】

一个轻球（如乒乓球），可以被向上的气流所支撑。气流的方向可使小球倾斜，但气流仍然可以支撑球。本实验主要探究气流倾斜的影响，并优化该系统，得出在保持球处于稳定状态的情况下，气流倾斜的最大角度。

【实验室可提供的主要器材】

两种直径为 3~5cm 的塑料小球、产生气流的装置——鼓风机、测角度的装置——水平仪（测量空间角度的手机软件）、测量风速的装置——风速仪、直尺。

【实验内容】

1. 出口气流的横截面积 A，悬浮球的大小，气流在小球悬浮处的速度 v。

2. 气流倾斜角度 θ 对小球稳定性的影响。

3. 探究气流倾斜的影响，并优化该系统，得出在保持球处于稳定状态的情况下，气流倾斜的最大角度。

4. 优化后得出理论，解释结论。

【实验报告要求】

以书面的形式：

1. 阐述实验的基本原理、设计思路和研究过程。

2. 记下实验的全过程，包括实验步骤、各种实验现象和数据，并做数据处理。

3. 分析实验结果，讨论实验中出现的各种现象。

4. 提出该方案的改进意见。

【注意事项】

1. 本实验采用轻质小球。

2. 风速适度即可。

实验三十六 水上升实验研究

【实验目的】

在水槽里注入适量的水，点燃一根蜡烛放在水槽中心，用杯子盖住蜡烛，等蜡烛熄灭后，杯内的液面会迅速上升，用物理思想和方法探究这个现象。

【实验室可提供的主要器材】

水槽、1000mL 量筒、蜡烛若干、20V 电压源、万用表、电阻丝等。

【实验内容】

1. 用物理思想和方法研究水上升现象。
2. 研究瓶内气体的变化和瓶内空气的热胀冷缩。
3. 用物理基本理论定量解释水上升现象。

【实验报告要求】

以书面的形式：

1. 阐述实验的基本原理、设计思路和研究过程。
2. 记录实验的全过程，包括实验步骤、各种实验现象和数据，并做数据处理。
3. 得出实验结果，讨论实验中出现的各种问题。
4. 分析实验结果并提出该方案的改进意见。

【注意事项】

1. 由于实验中有水，注意不要短路。
2. 避免产生气泡。

附录　不确定度和数据处理基础知识

附录 A　测量与误差

一、测量

在物理实验中，不仅要观察物理现象，而且还要定量地测量物理量的大小。所谓测量，就是采取一定的方法，利用某种仪器将被测量与标准量进行比较，确定被测量的量值。按测量方法可将测量分为两类。

（1）直接测量：直接用计量仪器读出被测量值的测量方法。例如，用直尺测量物体的长度，用天平称物体的质量。这些由直接测量获得的未经任何处理的数据称作原始数据。

（2）间接测量：需根据待测量和某几个直接测量值的函数关系求出待测量的测量方法。例如，用单摆测重力加速度 g 时，可以先测出摆长 L 和周期 T，再用公式 $g = (4\pi^2/T^2)\,L$ 算出 g，这里对 g 的测量就是间接测量。

由此可见，直接测量是间接测量的基础。在物理实验中，许多物理量的测量是间接测量。

二、测量误差

测量的目的是要获得待测物理量的真值。所谓真值是指在一定条件下，某物理量客观存在的真实值。但由于测量仪器的局限，理论或测量方法的不完善，实验条件的不理想及观测者欠熟练等原因，所得到的测量值与真值之间总存在着一定的差异，这种差异称为测量误差。测量误差的定义为

$$测量误差 = 测量值 - 真值 \qquad (A\text{-}1)$$

它反映了测量值偏离真值的大小和方向，故又被称为绝对误差。一般来说，真值仅是一个理想的概念。在实际测量中，一般只能根据测量值确定测量的最佳值，通常取多次重复测量的平均值作为最佳值。

绝对误差可以评价某一测量的可靠程度，但若要比较两个或两个以上的不同测量结果时，就需要用相对误差来评价测量的优劣。相对误差的定义为

$$相对误差 = \frac{绝对误差}{测量最佳值} \times 100\% \qquad (A\text{-}2)$$

有时被测量有公认值或理论值，还可用"百分误差"来表征：

$$百分误差 = \left| \frac{测量最佳值 - 公认值}{公认值} \right| \times 100\% \qquad (A\text{-}3)$$

测量中的误差是不可避免的，因此实验者应根据实验要求和误差限度来制订或选择合理的测量方案和仪器，分析测量中可能产生的各种误差，尽可能消除其影响，并对测量结果中未能消除的误差做出估计。

三、误差的分类

根据误差的性质及其来源，可将它分类如下。

（1）系统误差：由于偏离测量规定条件或测量方法不完善等因素所引起的按某种确定

规律出现的误差。

系统误差的特点是测量结果向某一确定的方向偏离，或按一定规律变化。其产生原因有以下几个方面：仪器本身的缺陷（如刻度不准、不均匀或零点没校准等），理论公式或测量方法的近似性（如伏安法测电阻时没考虑电表的电阻；用单摆周期公式 $T = 2\pi\sqrt{L/g}$ 测 g 的近似性），环境影响（温度、湿度、光照等与仪器要求的环境条件不一致），实验者个人因素（如操作的滞后或超前、读数总是偏大或偏小）等。由上述特点可知，在相同条件下，增加测量次数是不可能消除或减小系统误差的。但是，如果能找出产生系统误差的原因，就可以采取适当的方法来消除或减小它的影响，并对结果进行修正。实验中一定要注意消除或减小系统误差。

（2）随机误差：在同一条件下，多次测量同一物理量时，出现的绝对值和符号以不可预见方式变化着的误差。

实验中，即使已经消除了系统误差，但在同一条件下对某物理量进行多次测量时，仍存在差异，误差时大时小，时正时负，呈现无规则的起伏，这是因为存在随机误差的缘故。

随机误差是由某些偶然的或不确定的因素所引起的。例如，实验者受到感官的限制，读数会有起伏；实验环境（温度、湿度、风、电源电压等）无规则的变化，或是测量对象自身的涨落等。这些因素的影响一般是微小的、混杂的，并且是无法排除的。

对某一次测量来说，随机误差的大小和符号都无法预计，完全出于偶然。但大量实验表明，在一定条件下对某物理量进行足够多次的测量时，其随机误差就会表现出明显的规律性，即随机误差遵循一定的统计规律。

四、定性评价测量的三个名词

在实验中，常用到准确度、精密度和精确度这三个不同的概念来评价测量结果。准确度高，是指测量结果与真值的符合程度高，反映了测量结果的系统误差小。精密度高，是指重复测量所得结果相互接近程度高（即离散程度小），反映了随机误差小。精确度高，是指测量数据比较集中，且逼近于真值，反映了测量的随机误差和系统误差都比较小。我们希望获得精确度高的测量结果。

附录 B 测量的不确定度和测量结果的表示

一、测量的不确定度

不确定度是指由于测量误差的存在而对被测量值不能肯定的程度，它给出测量结果不能确定的误差范围。不确定度更能反映测量结果的性质，在国内外已经被普遍采用。

不确定度一般包含有多个分量，按其数值的评定方法可将分量归并为两类：用统计方法对具有随机误差性质的测量值计算获得的 A 类分量 Δ_A，以及用非统计方法计算获得的 B 类分量 Δ_B。

二、随机误差与不确定度的 A 类分量

1. 随机误差的分布与标准偏差

随机性是随机误差的特点，但在测量次数相当多的情况下，随机误差仍服从一定的统计规律。随机误差的分布规律有正态分布（又称高斯分布）、均匀分布、t 分布等，其中最常见的就是正态分布。正态分布的特征可以用正态分布曲线形象地表示出来，如图 B-1a 所示。图中，横坐标 x 表示某一物理量的测量值，纵坐标 $f(x)$ 表示测量值的概率密度：

$$f(x) = \frac{1}{\sigma\sqrt{2\pi}}\exp\left[-\frac{1}{2}\left(\frac{x-\mu}{\sigma}\right)^2\right] \tag{B-1}$$

式中，μ 表示 x 出现概率最大的值，在消除系统误差后，μ 为真值；σ 称为标准偏差，它是表征测量值离散程度的一个重要参量［σ 大，表示 $f(x)$ 曲线矮而宽，x 的离散性显著，测量的精密度低；σ 小，表示 $f(x)$ 曲线高而窄，x 的离散性不显著，测量的精密度高，如图B-1b所示］。

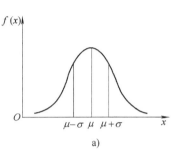
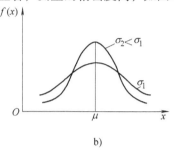

图 B-1　正态分布曲线

定义 $P = \int_{x_1}^{x_2} f(x)\,\mathrm{d}x$，表示变量 x 在 (x_1,x_2) 区间内出现的概率，称为置信概率。x 出现在 $(\mu-\sigma,\mu+\sigma)$ 之间的概率为

$$P = \int_{\mu-\sigma}^{\mu+\sigma} f(x)\,\mathrm{d}x = 0.683$$

说明对任一次测量，其测量值出现在 $(\mu-\sigma,\mu+\sigma)$ 区间内的可能性为 0.683。为了给出更高的置信概率，置信区间可扩展为 $(\mu-2\sigma,\mu+2\sigma)$ 和 $(\mu-3\sigma,\mu+3\sigma)$，其置信概率分别为

$$P = \int_{\mu-2\sigma}^{\mu+2\sigma} f(x)\,\mathrm{d}x = 0.954$$

$$P = \int_{\mu-3\sigma}^{\mu+3\sigma} f(x)\,\mathrm{d}x = 0.997$$

由此可见，x 落在 $[\mu-3\sigma,\mu+3\sigma]$ 区间以外的可能性很小，所以将 3σ 称为极限误差。

2. 多次测量平均值的标准偏差

由于随机误差的存在，决定了我们不可能得到真值，而只能对真值进行估算。根据随机误差的特点，可以证明，如果对一个物理量测量了相当多次后，其分布曲线趋于对称分布，算术平均值就是接近真值的最佳值。设在相同条件下，对某物理量 x 进行 n 次等精度重复测量，每一次测量值为 x_i，则算术平均值 $\bar{x}$ 为

$$\bar{x} = \frac{\sum_{i=1}^{n} x_i}{n} \tag{B-2}$$

若测量次数 n 有限，任一测量值的标准偏差可由贝塞尔公式近似地给出：

$$\sigma_x = \sqrt{\frac{\sum_{i=1}^{n}(x_i-\bar{x})^2}{n-1}} \tag{B-3}$$

其意义为任一次测量的结果落在 $(\bar{x}-\sigma_x)$ 到 $(\bar{x}+\sigma_x)$ 区间的概率为 0.683。

由于算术平均值是测量结果的最佳值，因此我们更希望知道 $\bar{x}$ 对真值的离散程度。误差理论可以证明，$\bar{x}$ 的标准偏差为

$$\sigma_{\bar{x}} = \sqrt{\frac{\sum_{i=1}^{n} (x_i - \bar{x})^2}{n(n-1)}} = \frac{\sigma_x}{\sqrt{n}} \tag{B-4}$$

式（B-4）说明，平均值的标准偏差是 n 次测量中任意一次测量值标准差的 $1/\sqrt{n}$。$\sigma_{\bar{x}}$ 小于 σ_x 是因为算术平均值是测量结果的最佳值，它比任意一次测量值 x_i 更接近真值。$\sigma_{\bar{x}}$ 的意义是真值处于 $[\bar{x} \pm \sigma_{\bar{x}}]$ 区间内的概率为 0.683。

上述结果是在测量次数相当多时，依据正态分布理论求得的。然而在物理实验教学中，测量次数往往较少（一般 $n < 10$），在这种情况下，测量值将呈 t 分布。t 分布时，$x = \bar{x} \pm t_p \sigma_x / \sqrt{n}$ 的置信概率是 P。因子 t_p 与测量次数和置信概率有关，其值可通过查 t 分布表得到。

3. 不确定度的 A 类分量

A 类分量由标准偏差 σ_x 乘以因子 $(t_p / \sqrt{n})$ 求得，即

$$\Delta_{\text{A}} = \frac{t_p}{\sqrt{n}} \sigma_x \tag{B-5}$$

在大学物理实验中，置信概率建议取为 0.95。$t_{0.95}/\sqrt{n}$ 的值见表 B-1。

表 B-1 不同测量次数 n 时 $t_{0.95}$ 和 $t_{0.95}/\sqrt{n}$ 的数值

n	3	4	5	6	7	8	9	10	15	20	≥ 100
$t_{0.95}$	4.30	3.18	2.78	2.57	2.45	2.36	2.31	2.26	2.14	2.09	≤ 1.97
$\dfrac{t_{0.95}}{\sqrt{n}}$	2.48	1.59	1.204	1.05	0.926	0.834	0.770	0.715	0.553	0.467	≤ 0.139

从上表中可见，当置信概率为 0.95，且 $6 \leq n \leq 10$ 时，$t_{0.95}/\sqrt{n} \approx 1$，则不确定度的 A 类分量可近似地直接取标准偏差 σ_x 的值，即

$$\Delta_{\text{A}} = \sigma_x \tag{B-6}$$

三、不确定度的 B 类分量

不确定度的 B 类分量是用非统计方法计算的分量，它应考虑到影响测量准确度的各种可能因素，因此，Δ_{B} 通常是多项的。Δ_{B} 的估计是测量不准确度估算中的难点，这有赖于实验者的学识、经验，以及分析和判断能力。从物理实验教学的实际出发，通常主要考虑的因素是仪器误差，在这种情况下，不确定度的 B 类分量可简化用仪器标定的最大允差 $\Delta_{\text{仪}}$ 来表述，即

$$\Delta_{\text{B}} = \Delta_{\text{仪}} \tag{B-7}$$

某些常用实验仪器的最大允差 $\Delta_{\text{仪}}$ 见表 B-2。

表 B-2 某些常用实验仪器的最大允差

仪 器 名 称	量　　程	最小分度值	最大允差
钢板尺	150mm	1mm	±0.10mm
	500mm	1mm	±0.15mm
	1000mm	1mm	±0.20mm
钢卷尺	1 m	1mm	±0.8mm
	2 m	1mm	±1.2mm
游标卡尺	125mm	0.02mm	±0.02mm
		0.05mm	±0.05mm
螺旋测微器（千分尺）	0～25mm	0.01mm	±0.004mm

（续）

仪 器 名 称	量　　程	最小分度值	最大允差
七级天平（物理天平）	500 g	0.05 g	0.08 g（接近满量程） 0.06 g（1/2 量程附近） 0.04 g（1/3 量程附近）
三级天平（分析天平）	200 g	0.1 mg	1.3 mg（接近满量程） 1.0 mg（1/2 量程附近） 0.7 mg（1/3 量程附近）
普通温度计（水银或有机溶剂） 精密温度计（水银）	$0 \sim 100℃$ $0 \sim 100℃$	$1℃$ $0.1℃$	$\pm 1℃$ $\pm 0.2℃$
电表（0.5 级） 电表（0.1 级）			0.5% × 量程 0.1% × 量程
数字万用电表			$\alpha\% \cdot U_x + \beta\% \cdot U_m$（其中 U_x 表示测量值即读数，U_m 表示满度值即量程，α、β 对不同的测量功能有不同的数值。通常将 $\beta\% \cdot U_m$ 用"字数"表示，如"2 个字"等）

四、合成不确定度

合成不确定度 u 由 A 类不确定度 Δ_A 和 B 类不确定度 Δ_B 采用"方和根"合成方式得到，即

$$u = \sqrt{\Delta_A^2 + \Delta_B^2} \tag{B-8}$$

若 A 类分量有 m 个，B 类分量有 n 个，那么合成不确定度为

$$u = \sqrt{\sum_{i=1}^{m} \Delta_{A_i}^2 + \sum_{j=1}^{n} \Delta_{B_j}^2} \tag{B-9}$$

五、直接测量结果的表示

若用不确定度表征测量结果的可靠程度，则测量结果写成下列标准形式：

$$\begin{cases} x = \bar{x} \pm u \quad （单位） \\ u_r = \dfrac{u}{\bar{x}} \times 100\% \end{cases} \tag{B-10}$$

式中，u_r 为相对不确定度。

在大学物理实验中，可按以下过程估算不确定度：

（1）求测量数据的算术平均值：$\bar{x} = \dfrac{\sum\limits_{i=1}^{n} x_i}{n}$ ；并对已知的系统误差进行修正，得到测量值（如螺旋测微计必须消除零误差）。

（2）用贝塞尔公式计算标准偏差：

$$\sigma_x = \sqrt{\frac{\sum\limits_{i=1}^{n} (x_i - \bar{x})^2}{n-1}}$$

（3）对 A 类分量和 B 类分量进行简化，取 $\Delta_A = \sigma_x$，$\Delta_B = \Delta_仪$。

（4）由 Δ_A、Δ_B 合成不确定度：$u = \sqrt{\Delta_A^2 + \Delta_B^2}$，计算相对不确定度：$u_r = \dfrac{u}{\bar{x}} \times 100\%$。

（5）给出测量结果：

$$\begin{cases} x = \bar{x} \pm u \quad （单位） \\ u_r = \dfrac{u}{\bar{x}} \times 100\% \end{cases}$$

在某些精度要求不高或条件不许可的情况下，只需要进行单次测量。单次测量的结果仍应以式（B-10）表示，则 $\bar{x}$ 就是单次测量值，u 常用极限误差 Δ 表示。Δ 的取法一般有两种：一种是仪器标定的最大允差 $\Delta_仪$；另一种是根据不同仪器、测量对象、环境条件、测量者感官灵敏度等估计一个极限误差。两者中取数值较大的作为 Δ 值。

例 B-1 在室温 23℃ 下，用共振干涉法测量超声波在空气中传播时的波长 λ，数据见下表：

n	1	2	3	4	5	6
λ/cm	0.6872	0.6854	0.6840	0.6880	0.6820	0.6880

试用不确定度表示测量结果。

解 波长 λ 的平均值为

$$\bar{\lambda} = \frac{1}{6} \sum_{i=1}^{6} \lambda_i = 0.6858 \mathrm{cm}$$

任意一次波长测量值的标准偏差为

$$\sigma_\lambda = \sqrt{\frac{\sum_{i=1}^{6} (\bar{\lambda} - \lambda_i)^2}{(6-1)}} = \sqrt{\frac{2.9 \times 10^3 \times 10^{-8}}{5}} \mathrm{cm} \approx 0.0024 \mathrm{cm}$$

实验装置的游标示值误差为 $\quad \Delta_仪 = 0.002 \mathrm{cm}$
波长不确定度的 A 类分量为 $\quad \Delta_A = \sigma_\lambda = 0.0024 \mathrm{cm}$
$\qquad\qquad\qquad$ B 类分量为 $\quad \Delta_B = \Delta_仪 = 0.002 \mathrm{cm}$
于是，波长的合成不确定度为

$$u_\lambda = \sqrt{\Delta_A^2 + \Delta_B^2} = \sqrt{(0.0024)^2 + (0.002)^2} \mathrm{cm} \approx 0.0031 \mathrm{cm}$$

相对不确定度为 $\qquad u_{r\lambda} = \dfrac{u_\lambda}{\bar{\lambda}} \times 100\% = 0.45\%$

测量结果表达为 $\qquad \begin{cases} \lambda = (0.686 \pm 0.003) \mathrm{cm} \\ u_{r\lambda} = 0.5\% \end{cases}$

六、间接测量不确定度的计算

在间接测量时，待测量是由直接测量量通过一定的数学公式计算而得到的。因此，直接测量量的不确定度就必然会影响到间接测量量，这种影响的大小也可以由相应的数学公式计算出来。设间接测量量 N 为相互独立的直接测量量 x，y，z，…的函数，即

$$N = F(x, y, z, \cdots)$$

并设 x，y，z，…的不确定度分别为 u_x，u_y，u_z，…，它们必然影响间接测量结果，使 N 值也有相应的不确定度 u。由于不确定度都是微小的量，相当于数学中的"增量"，因此间接测量的不确定度的计算公式与数学中的全微分公式类似。不同之处是：①要用不确定度 u_x 等替代微分 $\mathrm{d}x$ 等；②要考虑到不确定度合成的统计性质，一般是用"方和根"的方式进行

合成。于是，在物理实验中用以下两式来简化计算 N 的不确定度：

$$u_N = \sqrt{\left(\frac{\partial F}{\partial x}\right)^2 (u_x)^2 + \left(\frac{\partial F}{\partial y}\right)^2 (u_y)^2 + \left(\frac{\partial F}{\partial z}\right)^2 (u_z)^2 + \cdots} \qquad (\text{B-11})$$

$$u_r = \frac{u_N}{\overline{N}} = \sqrt{\left(\frac{\partial \ln F}{\partial x}\right)^2 (u_x)^2 + \left(\frac{\partial \ln F}{\partial y}\right)^2 (u_y)^2 + \left(\frac{\partial \ln F}{\partial z}\right)^2 (u_z)^2 + \cdots} \qquad (\text{B-12})$$

式中，$\overline{N} = f(\overline{x}, \overline{y}, \overline{z}, \cdots)$ 为间接测量量的最佳值。式（B-11）适用于 N 是和差形式的函数，式（B-12）适用于 N 是积商形式的函数。这两式也称为不确定度的传递公式。为了方便计算，一些常用函数的不确定度传递公式见表 B-3。

表 B-3　常用函数的不确定度传递公式

测量关系	不确定度传递公式	测量关系	不确定度传递公式
$N = x + y$	$u = \sqrt{u_x^2 + u_y^2}$	$N = x/y$	$u_r = \sqrt{u_{rx}^2 + u_{ry}^2}$
$N = x - y$	$u = \sqrt{u_x^2 + u_y^2}$	$N = x^k y^m / z^n$	$u_r = \sqrt{(ku_{rx})^2 + (mu_{ry})^2 + (nu_{rz})^2}$
$N = kx$	$u = ku_x, \ u_r = \dfrac{u}{x}$	$N = \sin x$	$u = \lvert \cos x \rvert u_x$
$N = \sqrt[k]{x}$	$u = \dfrac{1}{k} \cdot \dfrac{u_x}{x}$	$N = \ln x$	$u = u_{rx}$
$N = xy$	$u_r = \sqrt{u_{rx}^2 + u_{ry}^2}$		

间接测量结果的表示方法与直接测量类似，写成以下形式：

$$\begin{cases} N = \overline{N} \pm u_N \quad (\text{单位}) \\[2mm] u_r = \dfrac{u_N}{\overline{N}} \times 100\% \end{cases} \qquad (\text{B-13})$$

用间接测量不确定度表示结果的计算过程如下：

（1）写出（或求出）各直接测量量的不确定度。

（2）依据 $N = F(x, y, z, \cdots)$ 的关系求出 $\dfrac{\partial F}{\partial x}$，$\dfrac{\partial F}{\partial y}$，$\cdots$，或 $\dfrac{\partial \ln F}{\partial x}$，$\dfrac{\partial \ln F}{\partial y}$，$\cdots$。

（3）利用式（B-11）或式（B-12）求出 u_N 和 u_r，亦可由表 B-3 所列的传递公式直接进行计算。

（4）给出实验结果：

$$\begin{cases} N = \overline{N} \pm u_N \quad (\text{单位}) \\[2mm] u_r = \dfrac{u_N}{\overline{N}} \times 100\% \end{cases} , \ \text{其中} \quad \overline{N} = f(\overline{x}, \overline{y}, \overline{z}, \cdots)$$

例 B-2　已知金属环的内径 $D_1 = (2.880 \pm 0.004)\,\text{cm}$，外径 $D_2 = (3.600 \pm 0.004)\,\text{cm}$，高度 $H = (2.575 \pm 0.004)\,\text{cm}$，求金属环的体积，并用不确定度表示实验结果。

解　金属的体积为

$$\overline{V} = \frac{\pi}{4}(D_2^2 - D_1^2)H = \left[\frac{\pi}{4} \times (3.600^2 - 2.880^2) \times 2.575\right]\text{cm}^3 = 9.436\,\text{cm}^3$$

求偏导：

$$\frac{\partial \ln V}{\partial D_2} = \frac{2D_2}{D_2^2 - D_1^2}, \quad \frac{\partial \ln V}{\partial D_1} = \frac{-2D_1}{D_2^2 - D_1^2}, \quad \frac{\partial \ln V}{\partial H} = \frac{1}{H}$$

则　$u_{rV} = \dfrac{u_V}{\overline{V}} = \sqrt{\left(\dfrac{2D_2 u_{D_2}}{D_2^2 - D_1^2}\right)^2 + \left(\dfrac{-2D_1 u_{D_1}}{D_2^2 - D_1^2}\right)^2 + \left(\dfrac{u_H}{H}\right)^2} \xrightarrow{\text{代入数据}} 0.008 = 0.8\%$

$$u_V = \overline{V} u_{rV} = 9.436 \times 0.008 \, \text{cm}^3 \approx 0.08 \, \text{cm}^3$$

实验结果：$\begin{cases} V = (9.44 \pm 0.08)\,\text{cm}^3 \\ u_{rV} = 0.8\% \end{cases}$

附录 C　有效数字及其运算规则

一、有效数字的概念

任何一个物理量，其测量结果既然都包含误差，那么该物理量数值的尾数就不应该任意取舍。测量结果只写到开始有误差的那一位或两位数，以后的数按"四舍六入五凑偶"的法则取舍。"五凑偶"是指对"5"进行取舍的法则，如果 5 的前一位是奇数，则将 5 进上，使有误差末位为偶数，若 5 的前一位是偶数，则将 5 舍去。我们把测量结果中可靠的几位数字加上有误差的一到两位数字称为测量结果的有效数字。或者说，有效数字中最后一到两位数字是不确定的。可见，有效数字是表示不确定度的一种粗略的方法，而不确定度则是有效数字中最后一到两位数字不确定程度的定量描述，它们都是含有误差的测量结果。

有效数字的位数与小数点的位置无关，如 1.23 与 123 都是三位有效数字。

关于"0"是不是有效数字的问题，可以这样来判别：从左往右数，以第一个不为零的数字为起点，它左边的"0"不是有效数字，它右边的"0"是有效数字。例如，0.0123 是三位有效数字，0.01230 是四位有效数字。作为有效数字的"0"，不可以省略不写。例如，不能将 1.3500cm 写作 1.35cm，因为它们的准确程度是不同的。

有效数字位数的多少，大致反映相对误差的大小。有效数字越多，则相对误差越小，测量结果的准确度越高。

二、数值书写规则

测量结果的有效数字位数由不确定度来确定。由于不确定度本身只是一个估计值，一般情况下，不确定度的有效数字位数只取一到两位。测量值的末位应与不确定度的末位取齐。在初学阶段，可以认为有效数字只有最后一位是不确定的。相应地，不确定度也只取一位有效数字，如 $L = (1.00 \pm 0.02)\,\text{cm}$。一次直接测量结果的有效数字，由仪器极限误差或估计的不确定度来确定。多次直接测量算术平均值的有效数字，也由仪器极限误差或估计的不确定度来确定。间接测量结果的有效数字，也是先算出结果的不确定度，再由不确定度来确定。

当数值很大或很小时，用科学计数法来表示。例如，某年我国人口为七亿五千万，极限误差为两千万，就应写作 $(7.5 \pm 0.2) \times 10^4$ 万，其中 (7.5 ± 0.2) 表明有效数字和不确定度，10^4 万表示单位。又如，把 $(0.000623 \pm 0.000003)\,\text{m}$ 写作 $(6.23 \pm 0.03) \times 10^{-4}\,\text{m}$，看起来就简洁醒目了。在进行单位换算时，应采用科学计数法，才不会使有效数字有所增减。例如，$3.8\,\text{km} = 3.8 \times 10^3\,\text{m}$，不能写成 $3800\,\text{m}$；$5893\,\text{Å} = 5.893 \times 10^{-7}\,\text{m}$。

三、有效数字的运算规则

数值运算是件重要的工作，为了使求得的测量结果既能保持原有的精确度，又能避免不必要的有效数字位数过多的运算，有效数字的运算必须按一定规则进行。

（1）诸数相加减，其结果在小数点后所应保留的位数与诸数中小数点后位数最少的一个相同。

例如，
$$13.6\underline{5}+1.622\underline{0}=15.2\underline{7}$$
$$16.\underline{6}-8.3\underline{5}=8.\underline{2}$$

（2）诸数相乘除，结果的有效数字与诸因子中有效数字最少的一个相同。

例如，
$$24320\times0.341=8.29\times10^3$$
$$85425\div125=683$$

（3）乘方与开方的有效数字与其底数的有效数字位数相同。

（4）对于一般函数运算，将函数的自变量末位变化1个单位，运算结果产生差异的最高位就是应保留的有效位数的最后一位。

例如，
$$\sin30°2'=0.500503748$$
$$\sin30°3'=0.500755559$$

两者差异出现在第4位上，故 $\sin30°2'=0.5005$。这是一种有效而直观的方法，严格地说，要通过求微分的方法来确定函数的有效数字取位。

（5）常数 π、e 等在运算中一般可比测量值多取一位有效数字。

有效数字的位数多寡决定于测量仪器，而不决定于运算过程。因此，选择计算工具时，应使用其所给出的位数不少于应有的有效位数，否则将使测量结果精确度降低，这是不允许的；相反，通过计算工具随意扩大测量结果的有效位数也是错误的，不要认为算出结果的位数越多越好。

附录 D　数据处理的基本方法

数据处理是指通过对数据的整理、分析和归纳计算而得到实验结果的加工过程。数据处理的方法较多，根据不同的实验内容及要求，可采用不同的方法。本节只介绍物理实验中常用的几种数据处理方法。

一、列表法

在记录实验数据时，需将数据列成表格。这样既可以简明地表示出有关物理量之间的关系，分析和发现数据的规律性，也有助于检验和发现实验中的问题。

列表要求：

（1）列表要简单明了，便于看出相关量之间的关系，便于数据处理。

（2）必须交代清楚表中各符号所代表物理量的意义，并写明单位。单位应写在标题栏里，不要重复记在各数值上。

（3）表中的数据要正确反映测量值的有效数字。

下面以测定金属电阻的温度系数为例，将数据列于表 D-1 中。

表 D-1　测定金属电阻的温度系数

序号	温度 $t/℃$	电阻 R/Ω	序号	温度 $t/℃$	电阻 R/Ω
1	10.5	10.42	4	60.0	11.80
2	29.4	10.92	5	75.0	12.24
3	42.7	11.32	6	91.0	12.67

二、作图法

作图法是将一系列实验数据之间的关系或其变化情况用图线直观地表示出来，也是物理实验中处理数据的常用方法。依据它可以研究物理量之间的变化关系，找出其中的规律，确定对应量的函数关系求取经验公式。用作图法处理数据的优点是直观、简便，并且做出的图线对多次测量有取平均的效果。

1. 作图要求

（1）选用合适的坐标纸：坐标纸有直角坐标纸（毫米方格纸）、对数纸和极坐标纸等几种，可根据数据处理的需要，选用坐标纸的种类和大小。

（2）画坐标轴：一般以横轴代表自变量，以纵轴代表因变量。在坐标纸上画两条粗细适当的、有一定方向的线表示纵轴和横轴，在轴的末端近旁标明所代表的物理量及其单位。

（3）坐标轴的比例与标度。

① 为避免图纸上出现大片空白，而图线却偏于图纸一角的现象，在作图时应根据测量结果来合理选取两坐标轴的比例和坐标的起点。标度的选择应使图线显示其特点，标度应划分得当，以不用计算就能直接读出图线上每一点的坐标为宜。故通常用 1、2、5，而不选用 3、7、9 来标度。两坐标轴的标度可以不同，坐标的标值起点在需要时也可以不从"0"点开始。对于特大、特小数值，可提出乘积因子，如提出 $\times 10^3$、$\times 10^{-2}$ 等写在坐标轴物理量单位符号前面。

② 坐标标度值的有效数字原则上是：数据中的可靠数字在图形中也是可靠的，数据中有误差的一位，即不确定度所在位，在图形中应是估读的。

（4）标出数据的坐标点：测量数据点用削尖的铅笔在坐标纸上以"＋"符号标号，并使交叉点正好落在与实验数据对应的坐标上。若同一图形上需画几条图线时，则每条线上的数据点可采用不同的标记符号（如"×""⊙"等）以示区别。

（5）描绘图线：要用直尺或曲线板等作图工具，根据不同情况把点连成直线或光滑曲线，连线要细而清晰。由于测量存在不确定度，因此图线并不一定通过所有的点，而要求数据点均匀地分布在图线两旁。如果个别点偏差太大，应仔细分析后决定取舍或重新测定。用来对仪表进行校准时使用的校准曲线要通过校准点连成折线。

（6）标注图名：做好实验图线后，应在图纸上适当位置标明图线的名称，必要时在图名下方注明简要的实验条件。

2. 作图法求直线的斜率和截距

用作图法处理数据时，一些物理量之间为线性关系，其图线为直线，通过求直线的斜率和截距，可以方便地求得相关的间接测量的物理量。

（1）直线斜率的求法。若图线类型为直线方程 $y = a + bx$，可在图线上任取两相距较远的点 $P_1(x_1, y_1)$ 和 $P_2(x_2, y_2)$，其 x 坐标最好为整数，以减小误差（注意不得用原始实验数据点，必须从图线上重新读取）。

可用一些特殊符号（如"△"）标定所取点 P_1 和 P_2，以区别原来的实验点。

由两点式求出该直线的斜率，即

$$b = \frac{y_2 - y_1}{x_2 - x_1} \tag{D-1}$$

（2）直线截距的求法。一般情况下，如果横坐标 x 的原点为零，直线延长和坐标轴交点的纵坐标 y 即为截距（即 $x=0$，$y=a$）。否则，将在图线上再取一点 $P_3(x_3, y_3)$，利用点斜式求得截距：

$$a = y_3 - \frac{y_2 - y_1}{x_2 - x_1} x_3 \qquad (\text{D-2})$$

利用描点作图求斜率和截距仅是粗略的方法，严格的方法应该用线性拟合最小二乘法，后面将予以介绍。

例 D-1　根据表 D-1 所列的实验数据，试利用作图法求金属电阻的温度系数。

解　根据作图要求作出 $R\text{-}t$ 曲线如图 D-1 所示。

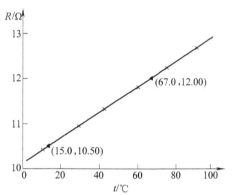

图 D-1　测定金属电阻温度系数 $R\text{-}t$ 图线

从图可见 $R\text{-}t$ 函数关系是线性的，即

$$R_t = R_0 + R_0 \alpha t = R_0 + kt$$

式中，R_t 为任一温度 t 时的电阻值；截距 R_0 为 0℃时的电阻值；α 为电阻的温度系数；$k = R_0\alpha$ 为该直线的斜率。

延长该图线，可得 $t = 0℃$ 时，$R_0 = 10.08\Omega$。

在线上取两点：$P_1(15.0, 10.50)$，$P_2(67.0, 12.00)$，可得图线的斜率为

$$k = \frac{R_2 - R_1}{t_2 - t_1} = \frac{12.00 - 10.50}{67.0 - 15.0}\Omega/℃ = 0.0288\Omega/℃$$

则金属电阻的温度系数为

$$\alpha = \frac{k}{R_0} = \frac{0.0288}{10.08}℃^{-1} = 2.86 \times 10^{-3}℃^{-1}$$

三、逐差法

在两个变量间的函数关系可表达为多项式形式，且在自变量为等间距变化的情况下，常用逐差法处理数据。其优点是能充分利用测量数据而求得所需要的物理量。

对于一次函数形式，可用逐差法求因变量变化的平均值，具体做法是将测量值分成前后两组，将对应项分别相减，然后取平均值求得结果。举例说明如下。

已知弹簧的伸长量 x 与所加砝码质量 m 之间满足线性关系 $mg = kx$，其中 k 为弹簧的劲度系数。设弹簧悬挂在装有竖直标尺的支架上，记下弹簧下端点读数 x_0，然后依次在弹簧下端加上 1kg，2kg，…，9kg 砝码，分别记下对应的弹簧下端点读数 x_1，x_2，…，x_9。根据求平均值定义，每增加 1kg，弹簧伸长的平均值为

$$\overline{\Delta x_i} = \frac{\sum_{i=1}^{n} \Delta x_i}{n} = \frac{(x_1 - x_0) + (x_2 - x_1) + \cdots + (x_9 - x_8)}{9} = \frac{x_9 - x_0}{9}$$

在上式中，中间所测得的数据全部抵消，只有始末两个数据起作用，这与一次增加 9 kg 的单次测量是等价的。为了保持多次测量的优点，改用多项间隔逐差，即将数据按次序列先后分为前组 $(x_0, x_1, x_2, x_3, x_4)$ 和后组 $(x_5, x_6, x_7, x_8, x_9)$，然后两组数据对应相减，得每隔 5

项差值的平均值（对应砝码增重 5 kg，弹簧伸长量的平均值）为

$$\overline{\Delta x_5} = \frac{(x_5 - x_0) + (x_6 - x_1) + (x_7 - x_2) + (x_8 - x_3) + (x_9 - x_4)}{5}$$

于是可求得劲度系数

$$k = \frac{5mg}{\overline{\Delta x_5}}$$

四、最小二乘法

最小二乘法是一种常用的回归方法，通过这种方法能对实验数据进行比较精确的曲线拟合，以求出其经验方程。最小二乘法的依据是：对等精度测量，若存在一条最佳拟合曲线，那么各测量值与这条曲线上对应点之差的平方和应取最小值。实验曲线的拟合分为两类，一是已知函数 $y = f(x)$ 的形式，要确定其中未定参量的最佳值；二是要确定函数 $y = f(x)$ 的具体形式，即确定表示函数关系的经验公式，然后再确定其中参量的最佳值。在物理实验中大多属于第一类，因此下面仅介绍由已知函数关系来确定未知参量最佳值的方法。

设已知函数的形式为

$$y = b_0 + b_1 x \tag{D-3}$$

式中自变量只有 x，故称一元线性回归。实验得到一组数据为

$$x = x_1，x_2，\cdots，x_i$$
$$y = y_1，y_2，\cdots，y_i$$

如果实验中没有误差，把 $(x_1, y_1)，(x_2, y_2)，\cdots，(x_i, y_i)$ 代入式（D-3）时，方程左右两边应相等。但测量总存在误差，我们把这归结为 y 的测量偏差，并记为 $\varepsilon_1，\varepsilon_2，\cdots，\varepsilon_i$，如图 D-2 所示。

这样式（D-3）就应改写为

$$\begin{cases} y_1 - b_0 - b_1 x_1 = \varepsilon_1 \\ y_2 - b_0 - b_1 x_2 = \varepsilon_2 \\ \quad\quad\vdots \\ y_k - b_0 - b_1 x_k = \varepsilon_k \end{cases} \quad (i = 1，2，\cdots，k) \tag{D-4}$$

可利用方程组（D-4）来确定参数 b_0 和 b_1，同时希望总的偏差 ε 为最小。根据误差理论可以推断：要满足以上要求，必须使各偏差的平方和为最小，即 $\sum\limits_{i=1}^{k} \varepsilon_i^2$ 最小，把式（D-4）中各式平方相加，可得

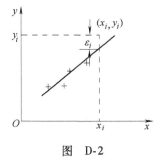

图　D-2

$$\sum_{i=1}^{k} \varepsilon_i^2 = \sum_{i=1}^{k} (y_i - b_0 - b_1 x_i)^2 \tag{D-5}$$

为求 $\sum\limits_{i=1}^{k} \varepsilon_i^2$ 的最小值，只需对式（D-5）中的 b_0 和 b_1 分别求偏微商。

（1）回归直线的斜率和截距的最佳估计值。

$$b_1 = \frac{\overline{xy} - \overline{x} \cdot \overline{y}}{\overline{x^2} - \overline{x}^2}, \quad b_0 = \overline{y} - b_1 \overline{x} \tag{D-6}$$

（2）各参量的标准误差。测量值偏差的标准误差为

$$\sigma_y = \sqrt{\frac{\sum\limits_{i=1}^{k} \varepsilon_i^2}{k-n}} \tag{D-7}$$

式中，k 为测量次数；n 为未知量个数。

b_i 值的标准误差为

$$\sigma_{b_0} = \sqrt{\overline{x^2}}\, \sigma_{b_1} \tag{D-8}$$

（3）检验。在待定参量确定后，还要算一下相关系数 γ，对于一元线性回归，γ 定义为

$$\gamma = \frac{\overline{xy} - \overline{x} \cdot \overline{y}}{\sqrt{(\overline{x^2} - \overline{x}^2)(\overline{y^2} - \overline{y}^2)}} \tag{D-9}$$

γ 值总是在 0 与 ±1 之间。γ 值越接近于 1，说明实验数据分布密集，越符合求得的直线。

例 D-2　根据测量结果，我们推测某物理 y 与另一物理量 x 成正比，即

$$y = b_1 x + b_0$$

式中，b_1 是比例常数；b_0 为截距。测量数见下表，试用最小二乘法作直线拟合求出 y。

x_i	0	1	2	3	4	5
y_i	0	0.780	1.576	2.332	3.082	3.898

解　数据处理如下：

x_i	y_i	$x_i y_i$	x_i^2	y_i^2
0	0	0	0	0
1	0.780	0.780	1	0.608
2	1.576	3.152	4	2.484
3	2.332	6.996	9	5.438
4	3.082	12.3	16	9.499
5	3.898	19.490	25	15.194
$\sum\limits_i x_i = 15$	$\sum\limits_i y_i = 11.668$	$\sum\limits_i x_i y_i = 42.746$	$\sum\limits_i x_i^2 = 55$	$\sum\limits_i y_i^2 = 33.223$

$$b_1 = \frac{\overline{xy} - \overline{x} \cdot \overline{y}}{\overline{x^2} - \overline{x}^2} = \frac{\frac{1}{6} \times 42.746 - \frac{1}{6} \times 15 \times \frac{1}{6} \times 11.668}{\frac{1}{6} \times 55 - \left(\frac{1}{6} \times 15\right)^2} = 0.7758$$

$$b_0 = \overline{y} - b_1 \overline{x} = \frac{1}{6} \times 11.668 - 0.7758 \times \frac{1}{6} \times 15 = 0.0052$$

$$\gamma = \frac{\overline{xy} - \overline{x} \cdot \overline{y}}{\sqrt{(\overline{x^2} - \overline{x}^2)(\overline{y^2} - \overline{y}^2)}} = 0.9994$$

以上结果表明，y 确实与 x 呈直线关系，其直线方程为

$$y = 0.7758x + 0.0052$$

参 考 文 献

[1] 陈明，杨先卫，朱世坤. 四级物理实验[M]. 北京：科学出版社，2006.
[2] 王魁香，韩炜，杜晓波. 新编近代物理实验[M]. 北京：科学出版社，2006.
[3] 黄耀清，王媛，杨文明，等. 测量场致发光片色度的实验设计[J]. 物理实验，2005(1)，9 – 12.
[4] 柯顿，马斯登. 光源与照明[M]. 4 版. 陈大华，译. 上海：复旦大学出版社，2000.
[5] GAGA S，EVANS D，HODAPP M W，SORENSEN H. Optoelectronics Applications Manual[M]. New York：McGraw Hill，1977.
[6] GOODMAN J W. 傅里叶光学导论[M]. 詹达三，等译. 北京：科学出版社，1976.
[7] 赵凯华，陈熙. 电磁学[M]. 北京：人民教育出版社，1979.
[8] 赵凯华，罗蔚茵. 热学[M]. 北京：高等教育出版社，1998.
[9] 曾树荣. 半导体器件物理学[M]. 北京：北京大学出版社，2002.
[10] 张欣. 高灵敏度数字式毫特仪的研制及在亥姆霍兹线圈磁场测量中的应用[J]. 大学物理实验，2001，14(4)，34 – 38.
[11] 黄德星，等. 磁敏感器件及其应用[M]. 北京：科学出版社，1987.
[12] 黄昆，谢希德. 半导体物理[M]. 北京：科学出版社，1958.
[13] 沈元华. 设计性研究性物理实验教程[M]. 上海：复旦大学出版社，2004.
[14] 钟锡华. 光波衍射与变换光学[M]. 北京：高等教育出版社，1985.
[15] 刘恩科，朱秉升. 半导体物理学[M]. 上海：上海科学技术出版社，1984.
[16] 陈海波，胡素梅. 稳压二极管的非线性伏安特性研究[J]. 大学物理实验，2012，25(6)，63 – 65.
[17] 张朝民. 巨磁电阻效应及在物理实验中的应用[J]. 实验室研究与探索，2009，28(1)，52 – 55.
[18] 王力，施芸城，李梓萱，等. 基于 LabVIEW 的电子顺磁共振信号的采集[J]. 物理实验，2013，33(12)，27 – 29.
[19] 冯璐. 扫描隧道显微镜对不同样品测试条件的分析[J]. 大学物理实验，2008，22(2)，1 – 3.
[20] 施敏，伍国珏. 半导体器件物理[M]. 耿莉，张瑞智，译. 西安：西安交通大学出版社，2008.
[21] 潘正坤，杨友昌. 近代物理实验[M]. 成都：西南交通大学出版社，2014.
[22] 冯文林，杨晓占，魏强. 近代物理实验教程[M]. 重庆：重庆大学出版社，2015.